高职高专艺术设计类专业系列教材

BANSHI SHEJI
XIANGMU JIAOCHENG

版式设计项目教程

主编 黄玮雯 张 磊

U0190346

重庆大学出版社

图书在版编目（CIP）数据

版式设计项目教程／黄玮雯，张磊主编. -- 重庆：
重庆大学出版社，2018.1（2023.10重印）
高职高专艺术设计类专业系列教材
ISBN 978-7-5689-0627-2

Ⅰ.①版… Ⅱ.①黄… ②张… Ⅲ.①版式—设计—
高等职业教育—教材 Ⅳ.①TS881

中国版本图书馆CIP数据核字(2017)第151671号

高职高专艺术设计类专业系列教材

版式设计项目教程
BANSHI SHEJI XIANGMU JIAOCHENG

主　　编　黄玮雯　张　磊
策划编辑：席远航　蹇　佳
责任编辑：李桂英　　　版式设计：原豆设计
责任校对：张红梅　　责任印制：赵　晟

重庆大学出版社出版发行
出版人：陈晓阳
社址：重庆市沙坪坝区大学城西路21号
邮编：401331
电话：（023）88617190　88617185（中小学）
传真：（023）88617186　88617166
网址：http：//www.cqup.com.cn
邮箱：fxk@cqup.com.cn（营销中心）
全国新华书店经销
印刷：重庆亘鑫印务有限公司

开本：787mm×1092mm　1/16　印张：9　字数：272千
2018年1月第1版　　2023年10月第4次印刷
ISBN 978-7-5689-0627-2　定价：49.00元

序

　　我国人口13亿之巨，如何提高人口素质，把巨大的人口压力转变成人力资源的优势，是建设资源节约型、环境友好型社会，实现经济发展方式转变的关键。高职教育承担着为各行各业培养输送与行业岗位相适应的，高技能人才的重任。大力发展职业教育有利于改善经济结构，有利于经济增长方式的转变，是实施"科教兴国，人才强国"战略的有效手段，是推进新型工业化进程的客观需要，是我国在经济全球化条件下日益激烈的综合国力竞争中得以制胜的必要保障。

　　高等职业教育艺术设计教育的教学模式满足了工业化时代的人才需求；专业的设置、衍生及细分是应对信息时代的改革措施。然而，在中国经济飞速发展的过程中，中国的艺术设计教育却一直在被动地跟进。未来的学习，将更加个性化、自主化，因为吸收知识的渠道遍布在每个角落；未来的学校，将更加注重引导和服务，因为学生真正需要的是目标的树立与素质的提升。在探索过程中，如何提出一套具有前瞻性、系统性、创新性、具体性的课程改革方法将成为值得研究的课题。

　　进入21世纪的第二个十年，基于云技术和物联网的大数据时代已经深刻而鲜活地展现在我们面前。当前的艺术设计教育体系正被重新建构，同时也被赋予新的生机。本套教材集合了一大批具有丰富市场实践经验的高校艺术设计教师作为编写团队。在充分研究设计发展历史和设计教育、设计产业、市场趋势的基础上，不断梳理、研讨、明确了当下高职教育和艺术设计教育的本质与使命。

　　曾几何时，我们在千头万绪的高职教育实践活动中寻觅，在浩如烟海的教育文献中求索，矢志找到破解高职毕业设计教学难题的钥匙。功夫不负有心人，我们的视界最终聚合在三个问题上：一是高职教育的现代化。高职教育从自身的特点出发，需要在教育观念、教育体制、教育内容、教育方法、教育评价等方面不断进行改革和创新，才能与中国社会现代化同步发展。二是创意产业的发展和高职艺术教育的创新。创意产业作为文化、科技和经济深度融合的产物，凭借其独特的产业价值取向、广泛的覆盖领域和快速的成长方式，被公认为21世纪全球最有前途的产业之一。从创意产业发展的视野，谋划高职艺术设计和传媒类专业教育改革和发展，才能实现跨越式的发展。三是对高等职业教育本质的审思。从"高等""职业""教育"三个关键词来看，高等职业教育必须为学生的职业岗位能力和终身发展奠基，必须促进学生职业能力的养成。

　　在这个以科技进步、人才为支撑的竞争激烈的新时代，实现孜孜以求的综合国力强盛不衰、中华民族的伟大复兴，科教兴国，人才强国，赋予了职业教育任重而道远的神圣使命。艺术设计类专业用镜头和画面、用线条和色彩、用刻刀与笔触、用创意和灵感，点燃了创作的火花，在创新与传承中诠释着职业教育的魅力。

重庆工商职业学院传媒艺术学院副院长

教育部高职艺术设计教学指导委员会委员

徐　江

前言

　　在经济社会发展过程中，艺术设计已经成为社会意识的一种体现形式，与社会经济发展密不可分。艺术设计的技术性、经济性、文化性决定了只有社会经济高度发展才会有艺术文化的繁荣。反之，作为艺术与科技相结合的产物，艺术设计同样也是一种生产力，推动着社会经济的繁荣发展。

　　版式设计是平面设计的重要组成部分，是现代出版、广告与艺术设计领域的专业学科，是步入艺术行业的一门重要课程。学好版式设计，需要掌握其基本原理，学会运用现代感的设计理论和表现形式，提升自己的表现力、创造力、想象力，提高自身的艺术实践能力和综合修养。本书以能力教育为核心，选择大量版式设计优秀案例，编写思路力图集基本理论、版式设计优秀案例、实践操作于一体，体例结构基本包含了基础知识、排版知识、实训案例、项目总结、习题等几个部分。本书体现了产学结合，不仅可以作为设计基础课程用书，也可作为广告创意、影视动漫等艺术设计专业学科以及专业从业人员的参考书。

　　本书编写突出了以下特点：首先，专业交叉的理论。版式设计作为设计专业基础课程，需要考虑一定的兼容性和可持续发展性，突出了设计艺术的大学科。其次，科学严谨性与艺术创新性。版式设计是理性创造与艺术创新性相结合的设计课程。最后，注重实践指导性。本书结合艺术设计大量案例，如平面广告设计、杂志内页设计、书籍设计、网页界面设计、宣传册设计的大量国内外优秀作品及学生参赛获奖作品。

　　感谢参与本书编写工作的重庆电子工程职业学院的张磊老师，鉴于时间仓促，加之编者水平有限，不足之处在所难免，敬请广大读者批评指正。

重庆电子工程职业学院

黄玮雯

2018年1月

目录

平面广告
版式设计

P1—18

版式设计基础知识

版式设计是视觉艺术设计工作者所必备的基本功之一，是所有平面设计领域产物完成视觉传达的重要手段。研究版式设计不只是研究设计的方法，还研究如何将创意思想转化到设计作品中，同时培养设计师的审美和画面调度能力。

1.1.1 版式设计的概念

版式设计，又称为版面设计，是平面设计中的一大分支，主要指运用造型要素及形式原理，对版面内的文字字体、图像图形、线条、表格、色块等要素，按照一定的要求进行编排，按照视觉规律艺术地表达出来，并通过对这些要素的编排，使观看者直观地感受到要传递的信息。

版面设计并非只用于书刊的排版中，网页、广告、海报等涉及平面及影像的众多领域都会用到版面设计。好的版面设计可以更好地传达作者想要传达的信息，或者加强信息传达的效果，并能增强可读性，使经过版面设计的内容更加醒目、美观。版面设计是艺术构思与编排技术相结合的工作，是艺术与技术的统一体。

1.1.2 版式设计的历史和发展

版式设计的发展是一个漫长的过程。早期人类交流和传播信息的途径有限，无法满足社会发展过程中文明传承的需要。随着社会的进步，书写的发展，使得用手稿记载历史事件成为可能。印刷技术的发展更是为信息的传递提供了更广阔的途径。随着印刷技术的发展，版式设计也随之发展起来。下面通过比对中国书籍与西方书籍的版式设计，了解版式设计的历史和发展。

1) 中国书籍形态和版式设计的历史

中国的书籍最早从简册开始，简背面写有篇名和篇次，将简册卷起来的时候，文字正好显示在外面，方便人们阅读查找。这为现代书籍扉页奠定了基础。传统书籍形式对现代书籍的版式设计产生了极为重要的影响。例如，现代书籍一直延续着传统书籍从上到下的文字编排形式；很多现代书籍术语仍然依照传统书籍，如图1-1、图1-2所示。

随着造纸术的发明，人类对平面版式设计也有了一定的研究。中国的书籍装帧凭借纸张和木版印刷技术的优势，影响了整个传统书籍的版面构成。在大唐时期，中国传统书籍形成了独特的版面风格，无论是封面还是扉页，都具有灵活多变的版面特征，既保证了整个版面的整体性，又体现了内容与形式的多样性。

中国传统书籍的版式设计对现代书籍版面设计有很大的影响。中国传统书籍中的文字采用竖排、从右至左的阅读方式，形成了与当时西方书籍完全不同的版面形式。中国人在设计书籍版式与印刷技术方面都非常成熟。在中国传统书籍中，文字的编排方式体现了中国的传统审美，与中国画的构图有着重要关联，如图1-3、图1-4所示。

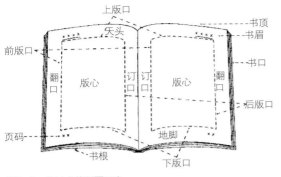

图1-1 传统书籍版面要素

图1-2 古代竹简

图1-3 有插图的古代书籍版式

图1-4 传统书籍构图方式

2）西方书籍及版面形式的发展

西方国家最初的书籍版式与当时的报纸相似，18世纪开始慢慢抛弃了之前的标准图书格式，为了扩大版面而采用大型号的纸张，这阶段的书籍虽在纸张和尺寸上有所改变，但是在印刷和视觉上几乎没有什么变化，这种状况一直持续到19世纪中期。

1845年，理查德·霍改良印刷机后，垂直式版面取得了主导地位，引领着当时整个版式设计的发展方向。这种版面通常以竖栏为基本单位，文字小，图片小，标题不跨栏，这样的书籍主要靠厚度来体现其重要程度。

到19世纪末，版面形式终于打破常规，完全突破栏的限制，横排文字、水平式版面的革命到来了。水平式版面的主要表现为标题的跨栏，大图也可以在版面上出现，而且增加了色彩。

进入20世纪，特别是到了20世纪60年代，版面设计受到空前的重视，版面以色彩和图片为基础，以大量文字与图片来传达信息，并且出现了留白，成为西方版面发展史上的一大转折，如图1-5、图1-6所示。

1.1.3 版式设计的原则

思想性与单一性、艺术性与装饰性、趣味性与独创性、整体性与协调性，是版面构成的四大原则。

图1-5　版面中的留白　　　　　　　　　图1-6　版面中的留白

1）思想性与单一性

　　版面设计的目的，是为了更好地传播客户信息。设计师以往中意自我陶醉于个人风格以及与主题不相符的字体和图形中，这往往是造成设计平庸和失败的主要原因。一个成功的版面构成，首先必须明确客户的目的，并深入去了解、观察、研究与设计有关的方方面面。简要的咨询则是设计良好的开端。版面离不开内容，更要体现内容的主题思想，用以增强读者的注目力与理解力。只有做到主题鲜明突出，一目了然，才能达到版面构成的最终目标。主题鲜明突出，是设计思想的最佳体现。

　　平面艺术只能在有限的篇幅内与读者接触，这就要求版面表现必须单纯、简洁。对过去的那种填鸭式的、含意复杂的版面形式，人们早已不屑一顾了。实际上，强调单纯、简洁，并不是单调、简单，而是信息的浓缩处理，内容的精练表达，这是建立于新颖独特的艺术构思上。因此，版面的单纯化，既包括诉求内容的规划与提炼，又涉及版面形式的构成技巧。如图1-7、图1-8所示，将图片处理成前明后暗的效果，加强了主体形象的注视率。

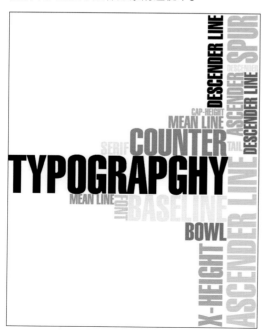

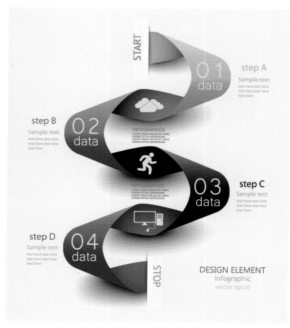

4　　　图1-7　明暗对比效果版面　　　　　　　图1-8　明暗对比效果版面

2）艺术性与装饰性

为了使版面构成更好地为版面内容服务，寻求合乎情理的版面视觉语言则显得非常重要，也是达到最佳诉求的体现。构思立意是设计的第一步，也是设计作品中所进行的思维活动。主题明确后，版面色图布局和表现形式等则成为版面设计艺术的核心，也是一个艰辛的创作过程。怎样才能达到意新、形美、变化而又统一，并具有审美情趣，取决于设计者设计素养。所以说，版面构成是对设计者的思想境界、艺术修养、技术知识的全面检验。

版面的装饰因素是文字、图形、色彩等通过点、线、面的组合与排列构成的，并采用夸张、比喻、象征的手法来体现视觉效果，既美化了版面，又提高了传达信息的功能。装饰是运用审美特征构造出来的。不同类型的版面信息，具有不同方式的装饰形式，它不仅起着排除其他，突出版面信息的作用，而且能使读者从中获得美的享受。如图1-9所示，版面中富有艺术趣味的构成，具有浓烈的设计意识；如图1-10所示，取斑马背部富有特征的纹理，来增强版面的装饰味。

图1-9　艺术趣味版面

图1-10　斑马纹理特征版面

3）趣味性与独创性

版面构成中的趣味性，主要是指形式美的情境。这是一种活泼性的版面视觉语言。如果版面本无多少精彩的内容，就要靠制造趣味取胜，这也是在构思中调动了艺术手段所起的作用。版面充满趣味性，使传媒信息如虎添翼，起到了画龙点睛的传神功力，从而更吸引人、打动人。趣味性可采用寓言、幽默和抒情等表现手法来获得。

独创性原则实质上是突出个性化特征的原则。鲜明的个性，是版面构成的创意灵魂。试想，一个版面多是单一化与概念化的大同小异，人云亦云，可想而知，它的记忆度有多少？当然，更谈不上出奇制胜。因此，要敢于思考，敢于别出心裁，敢于独树一帜，在版面构成中多一点个性而少一点共性，多一点独创性而少一点一般性，才能赢得消费者的青睐。如图1-11、图1-12所示，版面达到了此时无声胜有声的境界，这种独特的版面诉求，能给读者以视觉的惊喜。

4）整体性与协调性

版面构成是传播信息的桥梁，所追求的完美形式必须符合主题的思想内容，这是版面构成的根基。只讲表现形式而忽略内容，或只求内容而缺乏艺术表现，版面都是不成功的。只有把形式与内容合理地统一，强化整体布局，才能取得版面构成中独特的社会价值和艺术价值，才能解决设计应说什么，对谁说和怎么说的问题。

强调版面的协调性原则，也就是强化版面各种编排要素在版面中的结构以及色彩上的关联性。通过版面的文、图间的整体组织与协调性的编排，使版面具有秩序美、条理美，从而获得更良好的视觉效

图1-11 独特性版面　　　　　图1-12 趣味性版面

果。如图1-13所示，主体与文字的穿插，既产生前后的空间层次变化，又不失为一个整体。如图1-14所示，文字沿着视线流程很顺利地流淌下来，形成不可分割的整体。版面图片的秩序化构成，具有一种韵律的节奏感。如图1-15所示，版面图形运用同一因素的不同形状，具有理性色彩，从而达到版面的整体感与协调感。

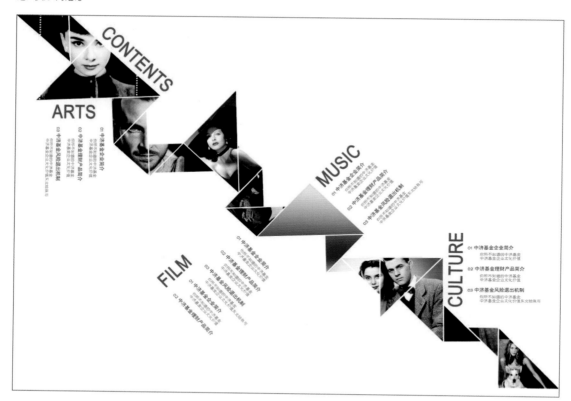

图1-13 文字与图片的空间层次

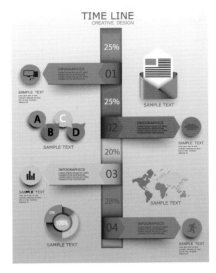

图1-14 版面的秩序化　　　　　图1-15 版面的图形与色彩的应用

1.1.4　版式设计的步骤

通常版式设计会经过以下几个程序完成，但也会因设计者个人习惯、设计要求等因素增加或者减少个别步骤。

1）构思并画出草图

可能会有若干草图备选。

2）选出设计稿

从草图中选取一个或者几个较贴近设计要求的，并进一步描绘出其细节。

3）正稿

在甄选出最后设计方案后，对该方案进行正式的设计、编排、绘制等操作。

4）清样

清样是从印刷设备上制作出的校样。清样应当同最终成品一致。制作清样就是为了防止在正式印刷前仍有没能发现的文字错误、纰漏，不合乎设计要求的细节，或者是没有调整好分色方案等。如果出现错误，就需要回到上一步继续修改，因此，清样制作可能不止一次。

1.2

版式设计三要素

　　版式设计是现代设计艺术的重要组成部分，是视觉传达的重要手段。表面上看，它是一种关于编排的学问；实际上，它不仅是一种技能，更实现了技术与艺术的高度统一。版式设计是现代设计者所必备的基本功之一。

　　版式设计是指设计人员根据设计主题和视觉需求，在预先设定的有限版面内，运用造型要素和形式原则，根据特定主题与内容的需要，将文字、图片（图形）及色彩等视觉传达信息要素，进行有组织、有目的的组合排列的设计行为与过程，如图1-16所示。

1.2.1　文字

　　文字从来都是版式设计的重要内容，是最直接的文化信息载体，具有别的语言符号不具备的文化信息传递功能。文字版式设计的好坏直接关系到整个版式设计质量的好坏。文字版式设计是提升视觉效果，赋予其更加深刻且直观的艺术表现力的重要设计环节。并且通过对文字的编排设计，建立起与读者增进沟通的桥梁。如图1-17所示，整个排版中运用大量文字，排版简洁有动感。

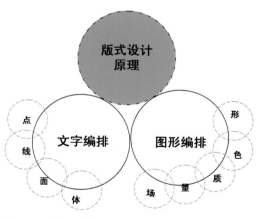

图1-16　版式设计的行为过程

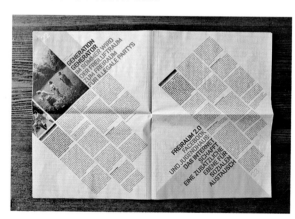

图1-17　文字排版的动感效果

1）文字编排的含义

　　文字编排是将文字用艺术化的手段呈现出来的一种艺术加工再创造过程，对文字进行重新组合，并使其具有某种视觉和色彩上的独特性。文字编排设计是一种极其重要的视觉语言传达，也是平面艺术设计中非常重要的一门技术。同时，文字编排设计也是一门非常注重设计师的审美能力和画面调度能力的平面设计方法。它运用各种结构方案、艺术形式来将文字的艺术美感更好地呈现出来。文字编排必须要符合内容的逻辑性和日常审美的规律性，在这个基础上，再积极运用各种视觉要素对文字进行统一的编排和规划。优秀的文字编排对于设计作品的呈现起着非常重要的作用，其能够使平面设计作品更具视觉冲击力和感染力，也能够更好地打动受众，使受众能够更直观地了解到作品的内容。

2）字体设计

字体选择是文字编排设计的第一步。将字体看作一种独立的艺术形式，并对其进行人为的艺术再加工，使其符合创作者的个性和情感意识。因此，把握字体的选择对文字的整体编排具有非常重要的作用。在选择字体时，首先要从书籍的风格、文章的整体内容等方向来进行把握。不同的字体具有不同的造型特点，有的苍劲有力，有的娟秀清雅，有的端庄典雅。根据内容去选择字体形式是最合适的。例如，标题文字一般选用比较简洁、醒目的黑体、艺术体等，而正文内容则比较多地选择小楷、宋体等较为清新、秀雅的字体。这种在字体选择上的差异往往使文章呈现出一种对比，更加凸显文章的特色。

字体是一种图形设计，它的搭配使用是非常重要的。这种搭配的选择往往能够体现出设计者的审美思维。中文字体样式繁多，在进行排版设计时，一般选择两到三种文字样式为宜，否则会使文章呈现出一种零散、混乱的效果，无法很好地体现其整体性。

1.2.2　图形

版式设计中，图形是辅助文字内容的设计要素，其宗旨是对文字内容做清晰的视觉说明，同时对出版物版式起装饰美化的作用。恰当地运用图形，可以使版面更加丰富，同时赋予出版物传达信息的节奏韵律，给观者留下美好的阅读体验。

图形是一种视觉艺术，具有可视、可读、可感的直观特点，还具有清晰、易理解、易传递的优点。在出版物中，图片必须与文字表达的思想内容和艺术风格一致，相协调。如图1-18所示，图片根据文字内容有序地排列，使得版面工整、简洁，观者能够通过图片轻松读懂文字传递的信息。

1）图形的放置

在版式设计中，图片与文字一样是最重要的构成元素，图片的放置、数量与位置等直接影响版面编排效果。有序地编排图片是引导观者了解作品内容的重要手段，同时图片的排列能产生序列与延伸效果，所有图片的选取与编排在版式设计中是非常重要的。

图1-18　版面工整、简洁

　　图片的放置应与文字相配合，在段落中随意地插入图片，易造成观者阅读上的不便，而版面的上下左右以及对角线的四角、交点都是视觉的焦点，在焦点上适当地安排图片可以有效地控制这些点，使版面更清晰，以及富有条理。

　　如图1-19所示，图片以块状组合的形式放置在版面中，使版面显得整洁、明朗；而且图片与文字均成块状，版面整体简洁、整齐，视觉效果干净、清晰。图1-20勾画出图片、文字的比例关系。

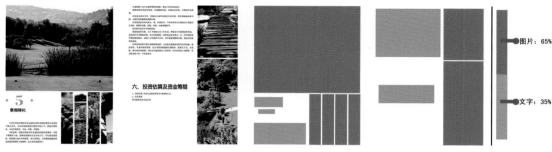

图片：65%

文字：35%

图1-19　图文的块状形式　　　　　　　　　　　　图1-20　图文的比例关系

2）图形的比例和分布

　　通过图形的比例和分布，使画面具有视觉的起伏感和极强的视觉冲击力，吸引读者的注意，更好地传达信息。

　　图形的比例与分布影响着整个画面的平衡。图形之间的比例大小，不仅在于图形本身的大小，还包括图形本身所含信息量的大小。比例越小，越显得画面稳定；比例越大，则表现出强烈的视觉冲击力。如图1-21所示，图形的大小对比强烈，版面的跳跃率较大，使版面具有活力。如图1-22所示，图片大小近似，给人稳定、平衡的视觉效果。

　　如图1-23和图1-24所示，两张版面所表述的内容一样，但是在图1-23中，两张图片距离较远，很难看出图片与文字说明的关系，图1-24中，两张图片在一条线上，拉近了文字与图片的距离，可以清楚地告诉读者文字传达的信息。

图1-21　图形的大小对比，版面活跃

　　如图1-25所示，多张图片编排时，没有统一的外框线，版面显得凌乱。图1-26中，图片大小不统一，版面显得凌乱。图1-27中，统一图片的对齐方式，使三张图片形成一条直线，在版面上更具有视觉冲击力。

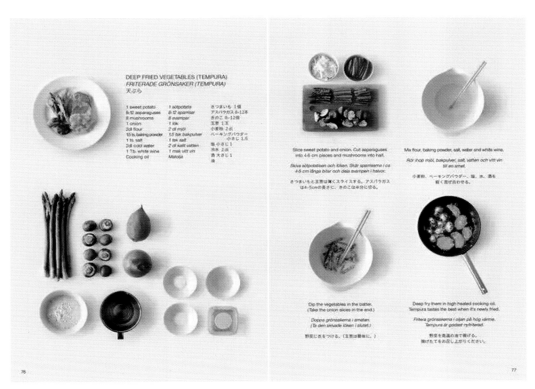

图1-22 图片大小相似，版面平衡

图1-23 图片距离较远，无法清楚传达信息

图1-24 文图距离近，清楚传达信息

图1-25 没有统一的外框线，效果凌乱

图1-26　图片大小不统一，效果凌乱

图1-27　图片对齐方式统一

1.2.3　色彩

　　视觉研究表明，彩色的页面比黑白的页面更能吸引读者的注意。色彩的添加能够让设计作品在最短的时间内，吸引读者的注视，并产生进一步阅读的冲动，色彩不仅仅是一种视觉感官，它还可以触发读者的某一种感情，传达信息的某种意义。在不同的文化中，颜色的意义和解答也不尽相同。

　　版式设计中，设计者需要找到能够有效激发和维持读者好奇心的色彩组合，引导并按照设计意图逐步地去阅读，并把设计内容视为一个整体。这种利用色彩设计出来的联系视觉反应，可以避免由几个元素同时完成同等分量注意力所必然出现的混乱状态。

1）色彩的对比与均衡

　　色彩是一种强大的视觉力量。正确的色彩比页面更富吸引力，错误的色彩看上去很混乱，甚至影响可读性。一个好的设计作品应该将色彩、图形、文字等信息合理地结合到一个页面中，并表达出主题，这样这个设计才会主题鲜明。

　　版式设计中，色彩并不是用得越多越好，而应尽可能地选用和谐的色彩去获得完美的视觉效果。要使对比强烈、更具视觉冲击力，可以强调色彩的对比度，引起注意，使人留下深刻的印象，并在传递信息的同时给人美的享受。

　　如图1-28所示，书籍装帧设计师吕胜中在《小红人的故事》一书中，以剪纸的图形作为设计元素，用色上借鉴民间剪纸的色彩语系，单纯凝练、简约鲜明，红、黑对比的色彩效果非常夺目。

2）色彩的运用

　　在版式设计中，字体、字形、字号以及字里行间的色彩选择，都决定了页面信息的阅读顺序。粗大的文字，红底绿字的编排也许从远处容易辨认，实验证明，人类的正常距离为33厘米，这样的距离使用细小的文字，红底绿字就会分散读者的注意力，使视觉产生闪烁的效果。在浅色、中性色或银灰色背景上放深色字体是最简单的解决之道。

图1-28　剪纸元素，红黑对比夺目

　　经过实践，具有可读性的最佳组合为白底黑字，然后是黄底黑字或者黑底黄字，因为在明亮的环境中，色彩通常对黄色光最为敏感，再之后是白绿组合、蓝白组合以及红白组合。

　　如图1-29所示，广告设计师中采用纯度很高的黄色，加上黑色的广告词，非常醒目。如图1-30所示，背后的旗帜采用大面积纯度高的绿色，文字部分采用白色，旗帜飘扬，给人留下深刻的印象。

图1-29　黄黑对比醒目

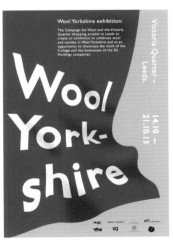

图1-30　文字效果醒目

1.3

项目实训案例

1.3.1　平面广告版式设计案例一

第十四届中国大学生广告艺术节学院奖选题——快克药业

要求：

（1）通过各位小伙伴天马行空的创意赋予快克品牌健康、阳光、充满活力的年轻品牌形象。

（2）创造快克品牌与年轻消费群体的沟通方式，传递健康的生活价值观、积极向上的理想价值观。

广告主题：

（1）快乐青春，快享生活，有快克，超快感！

（2）品牌调性：健康、活力、阳光、快乐！

提示：

有趣的，快乐的，和品牌关联度高的平面主题海报创意。

项目分析：

首先需要对企业及产品作深入了解，其次结合本次大赛广告主题及品牌调性进行广告创意。所谓广告设计，是指从创意到制作的这个中间过程。广告设计是广告的主题、创意、语言文字、形象、衬托五个要素构成的组合安排。广告设计的最终目的是通过广告来达到吸引人们眼球的目的。广告是一种传播工具，是将某一项商品的信息，由这项商品的生产或经营机构传送给一群用户和消费者；广告进行的传播活动是带有说服性的。

设计效果：

此次学院奖快克产品的主题是：快乐青春，快享生活，有快克，超快感，如图3-31—图3-33所示。结合这一主题，设计者设计出三个朝气蓬勃的卡通形象，一系列的三张作品中背景都采用快克的药丸形象，药丸的左边借此表现人物在生病时候的三种不舒服的状态，右边则是服用了快克产品后，状态改善，青春活力的状态。系列作品符合广告主题，创意新颖，整体效果较好。

图1-31　快克广告设计（作者：游明杰）

图1-32 快克广告设计（作者：游明杰）

图1-33 快克广告设计（作者：游明杰）

1.3.2　平面广告版式设计案例二

第十四届中国大学生广告艺术节学院奖选题——大辣娇

要求：

深入了解年轻族群思维方式，传达大辣娇"So What辣是我的青春"的品牌态度，打造属于年轻族群的亚文化圈！

广告主题：

（1）So What辣是我的青春。

（2）品牌调性：叛逆、阳光、激情，生活注定会历经磨难与困苦，换个视角看世界，人生注定会与众不同！

提示：

有趣的，快乐的，和品牌关联度高的平面主题海报创意。

项目内容：

核心目标群体是15~26岁的学生以及刚刚步入工作岗位的白领阶层。他们面对工作、学习、生活、就业甚至家庭的重重压力，依旧激情满怀，信心满满。

大辣娇，是方便面行业的辣面品类品牌，十年专注于辣面美食领域，每年为全国提供超过6亿份辣面美食。

大辣娇，深刻洞悉时代变迁下的人格特质，面对"90后"初涉世事，不可避免要面临种种压力、困苦与磨难，结合产品自身长期聚焦辣面美食领域的深厚底蕴，创造性提出8°辣味随心包的概念，对产品进行全面的基因再造，优化产品重辣食用体验。8°辣味随心包不是一个简单的有着特殊成分的辣味包，它的本质是换个视角看待世界与人生，我们会重新认知自我，肯定自我，激发正能量，勇敢前行！其实，一碗面也会成为鼓励人生乐观前行的能量激发器！

设计效果：

如图1-34、图1-35所示，作者的这一系列作品，采用手绘的表现形式，在画面中重点强调一碗面，运用两个寓言故事，结合So What辣是我的青春，突出对大辣娇产品的喜爱，体现产品的形象特点，表现得新颖别致。在文字的排版中，着重强调"辣"这个字，和背景大面积的红色呼应，突出产品特点。

图1-34 大辣娇广告设计（作者：巍岚鑫 聂坤乾）　　　　图1-35 大辣娇广告设计（作者：巍岚鑫 聂坤乾）

项目总结

广告表现的基本原则

广告表现没有固定的模式，一个广告表现形式，如果是社会上过多模仿的和滥用的，那就不是一个好的广告表现。尽管如此，广告表现还是有其基本的创作原则。

1）以企业的基本形象为基础，不能有损企业形象

企业整体形象是由一系列要素组成的，如企业文化、企业精神、企业风格、经营宗旨、企业名称等，这些要素系统地构成了企业的整体形象。任何具体产品广告，都应以企业的基本形象为基础，有责任按企业CI战略的要求制作。其作用不仅是有利于提高消费者对产品的信心，也有助于在社会上逐步加深企业的形象。

2）所表现的内容必须真实、准确、公正，不能虚夸、欺骗，要公平竞争

即使是采取各种艺术手法，也都是在真实的基础上进行的。脱离广告商品的实际情况，虚构或无限夸大其功能用途，给消费者一些不可能实现的承诺等，都是不诚实的表现，不仅是对消费者的欺诈行为，违背有关法规道德，而且从广告表现的角度看，也是不成功的，不会得到受众的认同。

3）所采取的形式应做到新颖、恰当、简洁

各种艺术手法、信息符号等，应能有机地组合成为整体，为广告主题服务，使人赏心悦目，令人感到愉悦。如一则表现牛奶产品的电视广告，再现了大草原的宁静、温馨，加上演员恰到好处的表演，就给人一种美好的感觉。如果广告作品毫无新意、味同嚼蜡，或冗长烦琐、不得要领，或大哄大闹、低俗不堪等，就不会对受众产生好的刺激，只能令人生厌、腻烦甚至产生逆反心理。

4）广告表现要自律，不能违反有关法律

广告内容和广告表现形式，虽有独特的创意和艺术的表现形式，但都不应违反广告的有关法令、准则和社会道德规范。

1.5

习　题

　　可以选择全国大学生广告艺术大赛当年度其中的一个选题，认真理解策略单内容并对企业及产品进行研究，设计完成平面广告作品。

　　要求：

　　（1）作品突出企业形象及产品特点，和产品策略单的品牌调性保持一致。

　　（2）设计创意表现力强，要求原创性、创新。

　　（3）注意文字及排版效果，以及各个面之间的关系。

2.

杂志版式设计

P19—36

2.1

杂志设计基础知识

虽然时尚杂志的最终目的是达成一种消费，但杂志设计审美也是不可忽视的，杂志的信息传达功能不可能被娱乐游戏性所取代。时尚杂志流行文化的视觉特征是时尚杂志一个重要特征。

2.1.1 时尚杂志的封面设计

无论是何种类型的出版物，封面元素扮演着至关重要的角色，凸显其品牌与价值的首要部分，如有些时尚杂志精心制作限量版封面以求吸引读者，由此来刺激消费。现在的时尚杂志封面倾向于采用尺寸为16开，或者是稍大的大16开，高品位的时尚杂志中包含大量精美图片。开本尺寸太大或太小都会影响杂志在整个报刊架中的展示，如果尺寸太大，不适合摆在整体的位置，零售商有可能会另找地方，太小的话刊头有可能被其他杂志所埋没。一个精彩的封面要能够准确清晰地传达出杂志所涉及的信息，优秀的封面设计并不一定在于文字如何怪异，版式如何复杂，而在于简明地向消费者以适当的方式传达所要表达的信息，同时捕捉住它所要推销的品牌要义。

1）时尚杂志的刊头

路边报纸杂志亭，杂志都以同样的方式摆着，这是因为零售商想尽可能多地摆放杂志。这就意味着可能只有杂志的刊头能够被消费者所看到。从设计的角度看，时尚杂志必须在第一时间就能吸引住潜在读者的目光。一旦这一步成功了，消费者会主动抽出杂志，然后看到封面，再接着浏览大体的内容。如果刊头没有很好地完成任务，那么接下来的一切将不会发生。成功的刊头设计可以让人在眨眼间就辨识出熟悉的风格、版式、色彩。标识是一本杂志品牌的一种象征，标识通过潜移默化的方式赋予杂志个性、主题、定位以及对读者群的态度，基本功能还是出现在封面上，同时需要展示品牌的所有特质。标志是名片，所以应当清晰显眼，如图2-1—图2-3所示。

图2-1 《时尚先生》

图2-2 VOGUE

图2-3 ELLE

　　时尚杂志的标题与其他杂志的不同之处是，时尚杂志通常会将各种封面标题一列排开，更多的是为了展示比竞争对手有着更为精彩丰富的内容。如果按照标题尺寸大小来衡量重要性，那么最大的标题几乎与封面图片有关。《ELLE世界时装之苑》的标题占封面的2/5，标题明显，即使杂志被一字排开，消费者无法看到吸引人的图片，但可以被这大标题所吸引；还有《时尚》《嘉人》《智足》这些杂志封面标题往往出现在封面靠左1/3的地方，因为杂志在书报架上摆放的时候，这个区域也最容易被读者看到。如图2-4的《时尚芭莎》和图2-5的《嘉人》都是将名称放在刊头的醒目位置上。

图2-4 《时尚芭莎》刊头效果

图2-5 《嘉人》刊头效果

2）时尚杂志的人物封面

　　时尚杂志封面人物经常选用著名艺人的照片，然后被一连串的标题包围，它们想传达给读者的是本杂志比其他杂志的内容更加丰富。人物封面的优势是形象明确，人物摄影有一定的亲和力，可以抓住读者内心渴望"自己也可以成为这种模样"的一种心理，一般封面人物总是与内页内容有关，比如人物专访等板块；不足的是我们放眼望去报刊亭几乎所有的时尚杂志都采用了这种设计手法，需要设计师从细节上去考究，不能只是简单地选择一张摄影照片，如图2-6、图2-7所示。

　　图2-6和图2-7都是人物封面，图2-6是一张人物特写，将人物以水墨画的形式呈现出来，别具一格，适当地加一点彩色做点睛之笔，让人过目不忘；图2-7为一张人物头像，服装色彩几乎与背景融合，使得发型更为醒目，发型和刊名相互呼应，呈现渐变效果，给人留下深刻印象。

3）时尚杂志的封面色彩

　　色彩能够形成强有力的认同感，能够表现感情，这是一个无可辩驳的事实。在设计精彩的杂志刊

图2-6 人物采用水墨画效果

图2-7 人物和背景融合

头时，色彩往往是能让读者立刻识别出来的重要标志之一。无论是吸引注意力，强调特定的信息，还是表达某种特定的情感反应，色彩都可以帮你达到目的。在杂志设计中有些公认的惯例即使找不到证明之处，比如设计师多会采用皮肤白皙的模特，封面色彩通常不会选择黄颜色等。不过色彩所代表的一定文化心理必须遵循，比如红色在西方国家就会产生强大的吸引力，而在非洲红色则代表死亡。在世界范围内，蓝色是最被大家接受的，通常可以吸引人们的眼球，因为给人一种平静感，但它却不适合出现在食物类杂志中，这些又都与色彩运用的环境有关。

图2-8是雪景主题的宣传照，以白色调为主，人物和背景都是清新淡雅的颜色，和《时尚芭莎》当期的表现主题一致，搭配胡歌、霍建华当时大热的状态，杂志销售异常火爆；图2-9的背景和人物的衣服呈现黑色，然而人物皮肤白皙，形成鲜明对比，加之眼妆部分那一抹橙色，带来一线光彩。

图2-8 人物服装和背景清新淡雅

图2-9 背景和人物皮肤对比明显

2.1.2 时尚杂志的字体

文字是一种约定俗成的符号。其形态的变化并不干扰传达的信息本身，但却影响信息传达的效果。在字体的设计中，字体大小、笔画结构和排列以及文字的色彩是重要的方面，应对其进行深入的研究，目的在于明确传达信息的内容以及深层次的含义，使信息的传达更加真实有效。虽然时尚类杂志以图为主，但一些功能性文字的编排也是至关重要的。

字体设计指的是将写下来的观念变成一种高度视觉化的形式，字体设计能够在根本上影响设计被人感知的方式。不同的字体有不同的个性，他们是传递感情的极佳形式。一种字体可以是权威的、随和的、正式的、幽默的，每一种字体几乎就是一幅独特的图像。

1）时尚杂志的标题文字

大部分时尚杂志会用一些引人注目的字体来作为标题或是封面，其他文字会选用同一家族的字体，只是改变字体的磅数、宽度和斜体，保持整体的视觉连续性。时尚杂志的流行性与时尚性的特点决定了在设计中不只会运用一种字体。运用不同的字体和变化字体的磅数值来产生一种层次感，并为页面提供一个焦点，这种层次可以用来区分标题与正文。

2）时尚杂志的内文文字

时尚杂志内页的文字常用的是黑体、宋体、细宋等标准字体，引言部分的字体，或者是需要引起读者特别注意的地方，可以选用其他的字体，比如幼圆体经常会穿插在其中，内页字号一般使用五号、小五号、六号。在此字号上，时尚杂志的正文、引言都不会采用特别夸张的字体，而是选择大小比例合适的字体。

时尚杂志的图注通常出现在一幅图片旁边，介绍图片的有关内容、图片出现的原因、与杂志内文有何关系，是图片与文章内容之间的纽带。在时尚类杂志中需要运用大量的图片，图注是否能够将所要传达的信息清晰地展现给读者是非常关键的，成功的图注设计，是能够更好地引导读者去发现所要介绍与推销的产品。

如图2-10专门服饰类的日系杂志设计中，几乎每页都需要图注。图注在这里扮演着重要的角色，这些杂志的内容主要是介绍新一季最时尚的服装，大量的服装与配饰需要介绍，因此图注是最不可缺少的。其右边运用棕色的底色块来引起读者的注意，左边图展示服装，指引读者的视觉流程，使读者清晰地获取信息。

3）图片图形的设计

图片具有比文字更强烈、更直观的视觉传达效果，现在的时代是读图时代，时尚类杂志设计更是如此。图片的制作以及处理对于杂志的感觉有着巨大的影响。图片设计必须根据传达信息、媒介和对象不同，选择相应的形式和风格。

一张图片想要得到采用，首先，必须是优秀的摄影作品，现在大量的女性时尚杂志封面中，更多的是采用摄影图片；其次，如果所要表达的内容是一种概念性的时候，可以用插画来表达。从图片角度来看，如果认为某幅作品能够引起读者的关注，也可以根据图片来选择一篇可以配合的文章。

如图2-11、图2-12所示，日本、韩国风格的《昕薇》杂志、《mina米娜》杂志与讲究风格化的《ELLE世界时装之苑》类的杂志不同，主要以表现当前大众流行的年轻时尚取胜，由于定位于年轻人的"街头"风尚和刚踏入社会的年轻白领上班族们，所以此类杂志的模特选用形象甜美清新的风格，摄影地点也是极具生活气息的场景，此类时尚杂志版式编排上较为轻松，版式手法上采用众多实用的生活化时装款式和运用小型彩图，作为直接推荐型的表述方式，所以追求照片量大，以及生活场景或实用特色的格调。

图2-10　图片与图注之间的排版关系

图2-11　轻松的版面效果

图2-12　轻松的版面效果

2.1.3　时尚杂志的编排设计

编排设计是指将文字、标志和插图等视觉要素进行组合配置的设计，目的是使版面整体的视觉效果美观而易读，以激起阅读的兴趣，并便于阅读理解，实现信息传达的最佳效果，还要根据传达内容的性质、媒体特点和传达对象的不同，进行综合分析研究，确定最佳的编排设计。各类杂志在视觉上的区别主要是从杂志的编排中体现出来的。编排设计的首要任务是使读者可以准确地接收他们想要获得的信息，同时能给读者留下与众不同的印象。

1）时尚杂志的目录

对于时尚杂志的目录页来说，有些人根本就不看目录页，有些人喜欢从后往前看，还有些人习惯随便翻阅，对于这些读者来说，位于前端的目录页是多余的，但它仍然起着重要的作用，因为位于封面之后的目录页是唯一可以从字面上引导读者深入阅读杂志的要素，也是引导贯穿杂志内容的线索。读者可以利用目录来浏览杂志全部内容，搜索封面故事，寻找个人喜爱的杂志板块。我们在设计时首先应该使其包含的基本内容清晰易读，易于读者搜索，一般目录页都放在靠近封面的位置。其他期刊目录是题目、页数加之点线连接，中间会留有大量的空间，造成浪费，时尚杂志的不同之处是充分利用所有空间。如图2-13所示，杂志目录中图片和文字相配合，文字使用彩色，显得活泼、轻松，符合夏天这一季节。

图2-13　文字彩色效果，轻松活泼

2）时尚杂志的视觉流程设计

时尚杂志以图片的视觉传达为主，通过侧重内容的区别分成不同的板块，具有快速传递信息的特点。读者对于时尚杂志阅览方式的选择多为自由翻阅，阅览的顺序也并不固定。当读者的目光掠过报刊亭时，会被某一个惊艳的封面锁定，进而对杂志中的精彩内容充满渴望，在读者进一步无序的翻阅过程中，又可能因为某一页的设计或是内容的编排决定购买这本杂志。对设计师来说，设计时首要任务之一就是创造一种强有力而连贯的视觉层次——最重要的元素要得到强调，同时内容组合要合乎逻辑。读者希望快速而轻松地将特殊信息挑选出来，而一个有效的视觉层次能够帮助他们做到这一点。

2.2

文字的编排与设计

文字是版式设计的重要组成部分，在整体画面上起着画龙点睛的作用。好的文字运用，不仅能清晰地表达版面所需要传达的意思，更能够突出画面效果，抓住观者的眼球。

2.2.1 文字群体的基本要素

文字的大小、字体及排列疏密的选择，以及文字段落间的间隔，都会直接影响观者的阅读情绪；而字体的合理选择，也对版式的整体设计起着重要的作用。如图2-14、图2-15所示，页面运用文字基本构成的一些特性，让阅读者感受到独特的视觉效果。在该幅版面设计中，字体的大小和文字的间隔都做了打破常规的排列方式，看似散乱，实际按照一定的设计方式进行编排，使版面看起来错落有致，提高了文字的可读性，使观者产生浓厚的阅读兴趣。

图2-14 文字的大小与间隔打破常规

图2-15 文字的大小与间隔打破常规

1）书眉+页码

书页中的奇数页码叫单页码，偶数页码叫双页码。单双页在版式处理上的关系很大，通常页码在版口居中或排在切口，一般在书页的下方，单页码放在靠版口的右边，双页码放在靠版口的左边。期刊的页码可放在书页上方靠版口的左右两边。辞典类书籍的页码，可居中排在版口的上方或下方。封面、扉页和版权页等不排页码，也不占页码。篇章页、超版口的整页图或表、整面的图版说明及每章末的空白页也不排页码，但以暗码计算页码。

横排页的书眉一般位于书页上方。单码页上的书眉排节名、双码页排章名或书名。校对中双单码有变动时，书眉亦应作相应的变动。未超过版口的插图、插表应排书眉，超过版口(不论横超、直超)，则一律不排书眉。

2）标题

标题是文章的眉目。各类文章的标题，样式繁多，但无论是何种形式，总要体现作者的写作意图、文章的主旨及核心。标题一般分为总标题、副标题、分标题几种。

杂志的标题设计与图书大不相同。图书的标题通常都置于作品之前的版面上方（横排式）或右侧（直排式），且全书所有级别相同的标题所占的面积和所用字体、字级都一致。杂志则并不要求各级标题全刊统一。各篇作品的标题位置非常灵活，既可置于版面上方，也可置于版面的下方、左侧或右侧，或者置于版面中间甚至版面某一个角上，还可横跨两个页面形成和合式标题。标题文字既可横排，也可直排，只要版面显得美观大方就都无不可。

如图2-16所示，文章的标题文字图形化，标题的设计上，使读者更能够关注标题，激发阅读兴趣。所以进行版式设计时宜强化标题区的对比因素，如利用字体、线条、底纹、花边、照片或图画等加以修饰。

图2-16　标题文字图形化

3）正文

版式设计中，杂志正文版面主要构成要素是文字。文字设计包括文字的选用、字距、行距、段落、章节、标题、首字、线框以及版面栏数的精心设计。版面上文字的排列由点到线，由线到面，将各元素有组织、有条理地联系起来，完全可以营造出丰富的版面空间层次，各元素完整统一的版面效果。

如图2-17所示，正文的文字较多，更多的需要考虑段落和段落之间的关系，设定各段之间的距离，有时还需要考虑整个段落的缩进格式。段落之间的距离一般与行距相同。篇幅较长的文章用宋体字排正文，篇幅短的文章可根据内容选择仿宋体、楷体、细圆体等字体。主体文字一般使用五号字，而少儿类期刊的主体文字应不小于五号字体。当一个页面上有不止一篇文章时，不同文章可用不同字体来体现各篇文章的相对独立性。

图2-17 文字段落的距离关系

2.2.2 文字群体的四种特征

1）字体

字体又称为书体，是指文字在风格上的式样。不同的字体，风格上也不相同，而每种字体又有不同的风格，所以导致字体的种类繁多。我们现在常看到的中文读物版式设计中，编排主要内容最常见的字体是宋体、黑体、楷体、仿宋体四种。英文字体可大致分为两类：衬线体和无衬线体，如Time New Roman就是一种常见的衬线体。

如图2-18所示，不同的字体运用会展现不同的效果，一般设计者会选用不同的字体组合，以达到最佳的视觉效果。

2）字号

字号是指字体的大小，也是指活字（排版印刷中的反文单字）从字背到字腹的距离。我国计算机中的字号采用点数制，其中以号数制为主，点数制为辅。号数制是以几种互不成倍数的活字作为基本标准，将其加倍或减半所得的自成体系。杂志刊物中常用的字号为五号、小五号、六号。点数制又称为磅数制，是世界上公认的字号标准制度。图2-19为一些中文字体的字号和磅值。

3）字距和行距

我们从字面上就可以理解，字距就是指字与字之间的距离，而行距就是指每行文字之间的距离。字距与行距过宽或者过窄，都会直接影响观者的阅读效率以及阅读心情，所以对文字间的疏密度掌握是至关重要的。

字体名称	示例
宋体	思语源文化
楷体	思语源文化
仿宋	思语源文化
大标宋	思语源文化
小标宋	思语源文化
黑体	思语源文化
黑变	思语源文化
隶书	思语源文化
姚体	思语源文化
美黑	思语源文化
精倩	思语源文化
魏碑	思语源文化
水柱	思语源文化
华隶	思语源文化
综艺	思语源文化
大黑	思语源文化
行楷	思语源文化
准圆	思语源文化
细圆	思语源文化
稚艺	思语源文化
琥珀	思语源文化

图2-18　不同字体效果

字号	磅数	级数（近似）	毫米	主要用途
七号	5.25	8	1.84	排角标
小六号	7.78	10	2.46	排角标、注文
六号	7.87	11	2.8	角注、版权注文
小五号	9	13	3.15	注文、报刊正文
五号	10.5	15	3.67	书刊报纸正文
小四号	12	18	4.2	标题、正文
四号	13.75	20	4.81	标题、公文正文
三号	15.75	22	5.62	标题、公文正文
小二号	18	24	6.36	标题
二号	21	28	7.35	标题
小一号	24	34	8.5	标题
一号	27.5	38	9.63	标题
小初号	36	50	12.6	标题
初号	42	59	14.7	标题

图2-19　中文字体的字号和磅值

　　字距与行距在一定程度上是为了满足人们对心理空间的需求，所以设计师对版面文字中字距与行距的控制，可以充分体现该设计师对文字版面的编排有没有良好的驾驭能力。对于字距和行距的设置，我们需要学习如何合理地安排字距与行距，而不是一味地寻找一个标准。字距和行距的设置是没有绝对标准的，但需要注意的是，字距与行距在很大程度上会对观者的阅读效果产生影响。如图2-20、图2-21所示，我们可以看出文字的字距与行距过窄会导致观者的视觉混乱，不能有效地分辨出文字所要表达的内容；而过宽则会使观者的视线分散，从而降低观者的阅读速度。

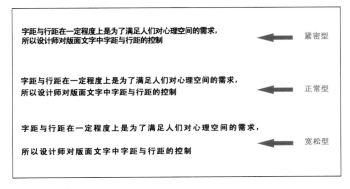

图2-20　文字的字距效果　　　　　图2-21　文字的行距效果

2.2.3　文字群体的四种类型

1）左右取齐式

　　文字左端到右端按固定的长度排列形成的文字群体，由两端的整齐规则而体现出美感。左右取齐式适用于中文、日文等文字，英文两端一般难做到整齐划一，如图2-22所示。

2）行首取齐式

文字行首取齐，行尾则随其表意形成自然的参差或根据文字情况适当截止另起一行。如图2-23所示，这种形式左端整整齐齐，行尾则显得错落有致，比左右取齐式更加活泼随意，给浏览者以轻松自然的印象。

图2-22　文字左右取齐式　　　　　图2-23　行首取齐式

3）中间取齐式

各行文字长短不一时，将各行按中间对齐，可以形成对称美感的文字群体。这种形式两端线型变化丰富，在英文编排中十分常见，如图2-24所示。

4）行尾取齐式

文字右端固定，左端字头位置富有变化，以形成全动、独特的界面效果，如图2-25所示。

　图2-24　中间取齐式　　　　　　　图2-25　行尾取齐式

2.3 项目实训案例

2.3.1 杂志内页设计案例一

要求:

(1)要求设计时尚类杂志,布局合理,排版有特色,便于阅读,有视觉美感。

(2)设计出新颖有创造力并且实用的杂志内页。

提示:

(1)根据杂志的定位特点,设计出符合杂志定位特点的杂志内页。希望设计的杂志具有特点,与众不同。

(2)在设计中注意文字和图形的关系及色彩搭配。杂志中注意标题、正文的关系,重点在于信息的传达,吸引读者阅读的兴趣,提高阅读效率。

项目分析:

杂志内页是杂志的主要组成部分,可以说是一本杂志的精华所在。内页设计能够影响读者的阅读兴趣和观赏习惯,所以杂志内页设计的美观需要引起足够的重视。优秀的杂志内页设计主要是由内页中的文字字体、图片和色彩三个方面构成的。

杂志作为一种传递文字信息的刊物,其文字是主要构成部分。文字过多往往会给人造成一定的视觉疲劳。字体是杂志表情,字号大小、字型模样,以及用什么字体,还可以看出这本杂志是新潮还是陈旧,是高雅还是俗套。一本杂志中的字体最多不能超过三种。

图片是杂志的眼睛,在国内,《新周刊》很注重图片,它的图片是它的卖点之一,全是自己摄影师所拍。

色彩能够反映人们的心理,色彩的选择运用对于设计作品起到重要的作用,杂志每个版面的颜色选择也很重要,一本杂志中有三四种色就足够了,目的是给阅读的人以视觉上的休整。字体、图片和色彩是杂志内页设计的主要内容,也是其他设计的重要组成部分。想要把杂志内页设计好,需要掌握好这些基本的元素,从杂志的细节做起。

设计效果1:

如图2-26所示,杂志的内页的设计,提供了文字信息及红珊瑚的图片信息,要求同学们完成两个版面内页的设计。这幅作品中,整体设计效果符合红珊瑚风格,版式设计风格简约,并且自己收集了相关样品图片,图片更加丰富。图片采用方版与挖版相结合,整体效果较好。

设计效果2:

如图2-27所示,杂志内页设计中,色彩中采用黑白两种经典色系,适合美食主题的风格特点,大气、内敛、时尚、简约。在排版上打破常规,采用竖版形式,并注意了文字的大小及粗细,将几款美食展现出来。图片的设计中,背景白色图片穿插与文字交相呼应。

宝石传奇 > 特别推荐 Special Report

Red coral
红珊瑚的
实用鉴定与保养

"千年珊瑚万年红"，红珊瑚是由一种低等的腔肠动物珊瑚虫分泌的钙质为主体的增殖珊瑚状的微骼。因棘少难得而价格昂贵。且随着岁月的流逝，更凸显珍稀属性，升值潜力越发越大，红珊瑚的鉴定与保养就显得尤为重要。

珊瑚是一种低等腔肠动物珊瑚虫分泌的钙质为主体的增殖珊瑚状的微骼，常呈树枝状生长。用于宝石工艺品中的红珊瑚以中小分枝状的枝体珊瑚为主，被称为海枝。较硬于海枝，红珊瑚圈于有机宝石，从各中开中所的历史来看，红珊瑚具有重要的地位，在佛教中被列为佛家七宝之一，红色珊瑚被视为吉祥富贵的化身，被幽用作佛珠的衣饰。饰佛像。或用于装饰服像，在清代，红珊瑚官员二品以上的官顶。西藏的喇嘛信仰则多持珊瑚念珠。人们对珊瑚宠满了敬仰之意，

红珊瑚产地及原料分类

红珊瑚又称贵重珊瑚，通常呈浅红色的红草橙红色，有的深红色，深红色，有白色，光泽美，因地细腻。特色少，主产于日本海，地中海一带（1）阿卡（Aka）料。呈鲜艳红色，深红色，有点泽美，因地细腻。特色少，主产于日本海，地中海一带（2）纱丁（Sardima）料，红色淡而红润，颜色略浅，主产于意大利以海，中西部亚国等（3）庭姆（Momo）料，为粉红色，橘红色，主产于中国台湾及日本海地，美国中途岛。

（阿尔卡料，因彩色深）突尼斯、及意大利亚部（中途岛）。日本和中国台湾是红珊瑚的重要采集地的主要中心。高质量的红珊瑚产于海底200公尺以上的深处。水流较急，开深沉着，严峻密少。当前采保护环境态的养。有关国家对红珊瑚有严格的限制。有的已完全禁止捕捉，市场上价格较高。

红珊瑚颜色分类

1.翠艺堂
地址：北京潘家园购物广场二层珠宝区
电话：0315-5919811

2.石在
地址：潘家商业街铁下古玩城C5
电话：13623333326

红珊瑚的检测

在消费者送来的珊瑚饰品的检测中，笔者通过与消费者沟通了解到，大部分消费者有购买珊瑚饰品前，主要依靠鉴证证来来确认，保少有人自己自然辨真伪。

在日常检测中，珊瑚的鉴定关键取决于其表面和内部生长纹理。红珊瑚精品与红色可平行的有状生长结构，红珊瑚的鉴定纹以日可行的有状生长状纹路，不规则生长纹通道纹不规则生长状纹路。以字辈定纹路。可以字辈定的珊瑚。

珊瑚厂节珊瑚（含染色处理）：竹节珊瑚属浅海珊瑚。多呈乳白色。浅红黄色、浅红色，颜多节段处纹。生长纹均无纹红珊瑚。表面粗糙波纹沟向别外浅生长纹。中间无纹状生长状纹。质硬于纯化学、力体质学品上是常见以内比染纹品所示。

染色珊瑚：颜色单调而往来多不一。染料集中在小的裂隙及空穴中，颜色浮浅粗，染料集中在小的裂隙及空穴中，颜色浮浅粗。

红珊瑚，红瓷料、染色大理石，染色贝壳。这些都不具有钩状生长结构。红珊瑚呈现浅陋细纹。含有气孔，且间同心织状纹同轴会更天出实纹结构。红瓷料呈铝纹状纹结构，颜色单一，且体分布也均，同色纹料具有较大的密度。

"吉宁染珊瑚"：使用方解石粉末加上少量的染色剂色所而制成。

高压下形成，不具有钙状特殊结构，呈现珠状结构，手感较轻。

红珊瑚的质量评价

红珊瑚可从颜色、块度、图地、加工工艺方面进行评价。
1、颜色。是影响红珊瑚质量最重要的因素。以家末纯正科料，以鲜红色为最优。其他红珊瑚颜色质量排列前顺序依次为红色、桔红色，皮薄红色，橙红色。
2、块度。越大价值越高。
3、加工工艺。造型越美，加工越精细，价值越高。

红珊瑚保养

由于红珊瑚特殊的物理化学性质。注意了它佩戴及保养的过程性，出进行妥的的清洁。禁止、防划、防水，大量出汗时或运时或运动时须及时把过洗手。避免接触化学用品，如。碱性液体或者水污染等。要避免与您您化学的宝石会与产品或人及您新家品。

红珊瑚很浪柔嫩，很怕破损。
白色珊瑚是为量重的宝石种，精品红珊瑚保值十分让别。被收藏界人士所看重。
红珊瑚市场上关有无奸货容易，建议消费者在有的时候利要求正规机构出售珊瑚的鉴定证书。

图2-26 杂志内页设计（作者：李军）

ITALY

寻找特色美食/品尝地中海的味道

食

彼岸餐厅

环境优雅但不失创意。感觉温馨。鲜鱼家乡之趣。服务贴心。各式生鲜鱼鱼身及自家酱之为其特色！

Trattoria ZaZa

据富异国风情的室内装饰。让食客得可上大意ZAZA阿门管千棒得同上是佛罗伦萨排名前十位的。特色的salami拼盘。有各式：因熟salami，风干和制作的方法也不尽相同。

Passerini Caffè Busetto

奉常靠近米兰大教堂，地处闹市区，已有近百年的店史。店内一角是它家的招牌产品冰激凌以及甜包和咖啡。

可可实验室

可可实验室制作的巧克力都是用高品质的原料制成的。味道非常纯正。手绘知咖啡。染色大理石富色状结构。店主一直致力于对巧克力样式的创新。

Princi餐厅

Princi的草莓球Fragolata被誉为是全米兰最好吃的。新鲜大朝的草莓。浮绕着接触细腻的Cream以及酥脆的绵皮达达是个赞誉实至名归。提拉米苏本是Princi的招牌。

Grom冰淇淋店

这家是意大利最著名的冰激凌连锁店。这家店的特别之处在于口味会随季节变化和变化。因为所使用的都是时令水果。您豪健康和新鲜。

图2-27 杂志内页设计（作者：赵思倩）

2.3.2　杂志内页设计案例二

要求：

（1）要求设计介绍自己学校或专业院系的杂志。布局合理，排版有特色，便于阅读，能够方便读者阅读，有视觉美感。

（2）设计出新颖有创造力，并且实用的杂志内页。

提示：

（1）根据学校或院系的专业定位特点，设计出符合杂志定位特点的杂志内页。

（2）在设计中注意文字和图形的关系及色彩搭配。杂志中注意标题、正文的关系，重点在于信息的传达，吸引读者阅读的兴趣，提高阅读效率。

项目分析：

学校或院系杂志作为给学生或家长传递信息的刊物，其文字是主要构成部分。文字过多往往会给人造成一定的视觉疲劳。字体是杂志表情，字号大小、字型模样，都会影响杂志效果，设计中字体最多不能超过三种。

精选展现学校特色、学校风采的图片，注意大小及位置的设定。学校杂志的色彩可以和校徽的颜色保持一致或呼应，院系杂志可以根据该院系风格特色进行主题颜色的选择，一本杂志中有三四种色就足够了，目的是给阅读的人以视觉上的舒适感。字体、图片和色彩是杂志内页设计的主要内容，也是其他设计的重要组成部分。

设计效果：

如图2-28所示，整体设计完整，由于是为学校设计的内页，因此色调运用比较大胆，颜色明朗，色彩运用大面积的浅黄色，会产生明亮、吸引读者的效果，小面积的蓝色、绿色、紫色，形成呼应，使整个封面的设计上增加跳动的元素；在文字上，重要的字体进行颜色的区分或者大小的区分，重点信息能更好地传达给读者。两个版面呼应，一气呵成，干净利落。

图2-28　杂志内页设计（作者：钟瑜玮）

2.4

项目总结

杂志内页设计要点

1）杂志排版的版面设计

杂志排版的版面设计包括字符、图像、线条、色彩等。正文、标题多用字符表示。标题是最具寓意功能的编排元素，它和正文一样涉及字号与字体，字的大小不同，也可以突出不同的内容。字体的感情色彩特征：宋体庄重大方；黑体严肃庄重；楷体活泼生动；仿宋体清丽细巧；隶书雅观醇厚；魏碑刚毅遒劲。

2）图像的设计

图像具体形式：照片、绘画、刊头、题花、题饰等。

3）图片注意要点

在一个版面上最好大小相间，横竖配合；注意人物的面部朝向； 压题照片(题图)有助于形成版面强势和节省版面。

4）色彩的设计要点

杂志内页版面的色彩和线条有强势、区分、结合、表情和美化的作用。排版设计时注意留白。

为自己的学校或院系设计宣传性杂志内页。

要求：

（1）内页设计突出学校或院系特点，能够通过内页设计使读者对学校或院系有深入了解。

（2）设计创意表现力强，作品有新意。

（3）注意文字及排版效果，以及版面之间的关系。

3.

书籍版式设计

P37—58

3.1

书籍设计基础知识

近几年，我国书籍设计水平较早年有了大幅度的提高，市面上的书籍基本已脱离了早期单调的装帧风格，设计品位普遍提升，大众对于美的认识也在逐渐提高。但是当前图书市场中书籍设计的质量参差不齐，有些书籍从书面设计到装帧设计都做得很好，而有些书籍的设计则过于模式化，为了设计而设计。而且很多书籍的文字编排与设计模式过于单一，只是简单地将文字排列组合，立意不新颖，也不注重细节的运用。因此，学习书籍版式设计，重新审视文字的重要性，在设计书籍的时候将文字的设计与编排视为思考的一个重点，致力于带给读者更好的阅读体验，将书籍的视觉传达效果做到极致。

在书籍设计中，主要通过封面设计、书脊设计和书籍内页文字设计三部分进行讲解。

3.1.1　书籍的封面设计

需要明确的是，书籍封面表现的形式要为书的内容服务。封面要用最感人、最形象、最易被视觉接受的表现形式，所以封面的构思就显得十分重要，要充分围绕书稿的内涵、风格、体裁等，做到构思新颖、切题，有感染力。构思的过程与方法大致有以下几种方法。

想象：想象是构思的基点，想象以造型的知觉为中心，能产生明确的、有意味的形象。我们所说的灵感，也就是知识与想象的积累和结晶，它是设计构思的源泉。

舍弃：构思的过程往往"叠加容易，舍弃难"，构思时往往想得很多，堆砌得很多，对多余的细节爱不忍弃。张光宇先生说"多做减法，少做加法"，就是真切的经验之谈。对不重要的、可有可无的形象与细节，坚决忍痛割爱。

象征：象征性的手法是艺术表现最得力的语言，用具象形象来表达抽象的概念或意境，也可用抽象的形象来意喻表达具体的事物，都能为人们所接受。

探索创新：流行的形式、常用的手法、俗套的语言要尽可能避开不用；熟悉的构思方法，常见的构图，习惯性的技巧，都是创新构思表现的大敌。构思要新颖，就需不落俗套，标新立异。要有创新的构思就必须有孜孜不倦的探索精神。

1）封面的文字设计

封面文字除书名外，均选用印刷字体，故这里主要介绍书名的字体。常用于书名的字体分三大类：书法体、美术体、印刷体。

书法体：书法体笔画间追求无穷的变化，具有强烈的艺术感染力和鲜明的民族特色以及独到的个性，且字迹多出自社会名流之手，具有名人效应，受到广泛的喜爱。如图3-1、图3-2所示，《求实》《娃娃画报》杂志均采用书法体作为书名字体。

美术体：美术体又可分为规则美术体和不规则美术体两种。前者作为美术体的主流，强调外形的规整，点画变化统一，具有便于阅读、设计的特点，但较呆板。不规则美术体则在这方面有所不同。它强调自由变形，无论点画处理还是字体外形，均追求不规则的变化，具有变化丰富、个性突出、设计空间充分、适应性强、富有装饰性的特点。不规则美术体与规则美术体及书法体比较，它既具有个性又具有

图3-1 《求实》

图3-2 《娃娃画报》

适应性，所以许多书刊均选用这类字体，如图3-3的《生活月刊》杂志。

　　印刷体：印刷体沿用了规则美术体的特点，早期的印刷体较呆板、僵硬，现在的印刷体在这方面有所突破，吸纳了不规则美术体的变化规则，大大丰富了印刷体的表现力，而且借助电脑使印刷体处理方法上既便捷又丰富，弥补了其个性上的不足，如图3-4的《中国风》杂志采用印刷体作为书名字体。

图3-3 《生活月刊》

图3-4 《中国风》

有些国内书籍刊物在设计时将中英文刊名加以组合，形成独特的装饰效果。如图3-5的《世界知识画报》杂志用"W"和中文刊名的组合形成自己的风格。刊名的视觉形象并不是一成不变地只能使用单一的字体、色彩、字号来表现，把两种以上的字体、色彩、字号组合在一起会令人耳目一新，又如图3-6的《恋爱婚姻家庭》杂志的刊名采用两种字号、两种色彩的节奏编排，而且小字叠大字，组合出层次的变化，颇具特色。

图3-5 《世界知识画报》　　　　　　　　　　图3-6 《恋爱婚姻家庭》

2）封面的图片设计

封面的图片以其直观、明确、视觉冲击力强、易与读者产生共鸣的特点，成为设计要素的重要部分。图片内容丰富多彩，是书籍封面设计的重要环节，它往往在画面中占很大面积，成为视觉中心，所以图片设计尤为重要。

如图3-7的《另一半中国史》的封面运用传统的纹样和中国风的字体，图片与文字互融成一个整体，左侧新颖的字体排版方式也为该作品增添了不少的韵味，整体营造出一个和谐的氛围。

图3-7 《另一半中国史》

3.1.2　书脊设计

　　书脊的空间虽小，却是书籍非常重要的一张"脸"。当书籍陈列在书架上的时候，我们首先看到的就是书脊，目前大多数书脊的设计过于单调。书脊的组成基本是三组文字或更多的文字，这几组文字如何在有限的空间中发挥作用，是设计师们应该思考的问题。目前大多数的书脊都只是将书名、作者名、出版社名自上而下按顺序排列，其间变换一下字体、字号，或者改变一下字体颜色。而有些书籍则非常重视书籍的设计，将封面、书脊、封底视为一个统一的整体来进行设计，使书籍不论从哪个面来看都是统一的一个整体。

　　如图3-8所示，*raymond carver*一书在设计中，正是考虑了设计的整体性，将条形码巧妙地设计在书脊上并向外延伸，颜色的选取只用黑白两色，简洁大气，加之书脊的巧妙，使得整本书设计感颇强。如图3-9所示，《阿拉蕾漫画》在书脊的设计上有异曲同工之妙，由于是连载，一套多本书在设计中被当作一个整体，侧面看一套书的书脊，形成一个整体画面，很有特色。

图3-8　*raymond carver*　　　　　　　　　　　　　　图3-9　《阿拉蕾漫画》

3.1.3　书籍内页文字设计

　　文字是书籍最重要的构成要素，很多书籍的设计者只重视封面的设计，而忽视了书籍内页文字的编排。因为一本书吸引人的不仅是精美的封面设计，更重要的是其中精彩的内容。

　　早些年市面上的书籍对于内容文字的编排并不重视，如一本小说，内页的文字编排基本是毫无设计，只是空出天头、地脚，然后将文字大面积地平铺开来，近几年随着书籍设计在我国的兴起，已经有越来越多的设计师认识到文字编排的重要性。书籍设计不单指封面设计，更要注重内页的版式设计，好的文字编排能够使读者有阅读的动力和吸引读者阅读的兴趣，利用文字的编排、文字与图形的编排来引导读者的视线。

　　例如，有的文献类书籍，看起来本来就比较单调，而设计者也只是将文字罗列在书页上，没有研究文字编排的方式。这种编排方式还是犹如文字处理软件一般的编排方式，让人感觉单调无趣。

　　国外的文字编排相对更精致一些，他们非常注重书籍正文文字的设计与编排，空白疏密有致，将文章分为好几部分来编排，既方便读者阅读查阅，在视觉上也能产生一种心理上的放松感，如图3-10、图3-11所示。这种编排方式在国内杂志上比较常见，很多期刊还是保留原来的通篇文字编排方式，并没有什么显著变化，文字编辑大都还认定这种方式才是权威期刊应有的编排方式。

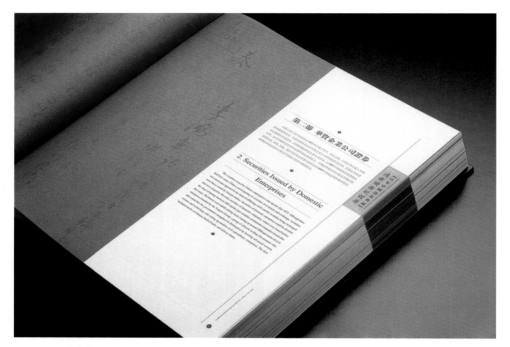

图3-10　国内书籍

图3-11　国外书籍

图版的编排设计

进入信息时代，人们的生活节奏更快，时间更紧，这迫切要求我们提高阅读效率。人们要求在阅读时，首先选择醒目、图版率高、有兴趣的信息。图版率在版面编排中很重要，会直接影响到版面的阅读视觉效果，影响阅读的兴趣。

3.2.1 图版率

图版率是指版面相对于文字，图片所占据的面积比。

1）图版率低，减少阅读兴趣

如果版面全是文字的话，图版率就是 0；相反，如果版面全是图画，而没有文字的话，那图版率就是 100% 。光有文字无图片或者小画面、少画面的版面，会让读者的阅读兴趣降低。小说、诗集等以文字为主的版面，图版率为10% 则更能增进阅读性。

2）图版率高，将增强阅读活力

随着图版率的增高，图片达到30%～70%时，读者阅读的兴趣就更强，阅读的速度也会因此加快（图片信息传达比文字更快），版面也会更具有活力。当图版率达到100% 时，会产生强烈的视觉度、冲击力和记忆度，虽然高版面的图片率使版面充满生气，但由于缺乏文字的表达，也会给人单调、空洞的感觉。

图3-12为书籍内页设计的三种不同方式，最左边的书籍内页中，版面全是文字，看起来相对枯燥，阅读兴趣降低，图版率为0；中间的书籍内页设计中，图版率达到40% 左右，版面更生动，增加阅读兴趣；右边的图片图版率达到100%，适合作为封面设计。

图3-12 不同比例图版率效果

3.2.2 角版、挖版、出血版

1）角版

角版是指在版面上画一个四方形的框，把图版置于框中，这种图版形式称为角版，也称方形版面。这是最常见、最简洁大方的形态。角版图面有庄重、沉静与良好的品质感，角版在较正式文版或宣传页设计中应用较多。

图3-13—图3-16中的所有画面都被直线方框锁切割，看起来整体简洁明了，与文字配合相得益彰。

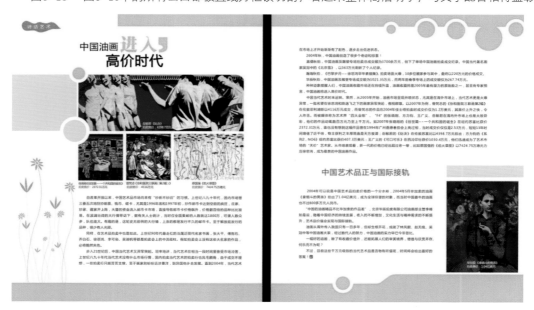

图3-13　角版设计

图3-14　角版设计

图3-15　角版设计

图3-16　角版设计

2）挖版

挖版也称为退底图，即将画面中精彩的图像部分按需要剪裁下来。挖版图形自由而生动，动态十足，亲切感人，让人印象深刻。

挖版多用于杂志内页设计中，在图3-17中的女性时装杂志中，鞋子、手表、衣服等使用挖版，使页面轻松、活泼。在图3-18的汽车杂志页面中，汽车使用挖版，动态十足，而且图文结合自然、默契，给人以亲和感。但是在使用挖版时，也要注意处理失当容易造成凌乱和整体不完整的感觉。

图3-17　挖版设计

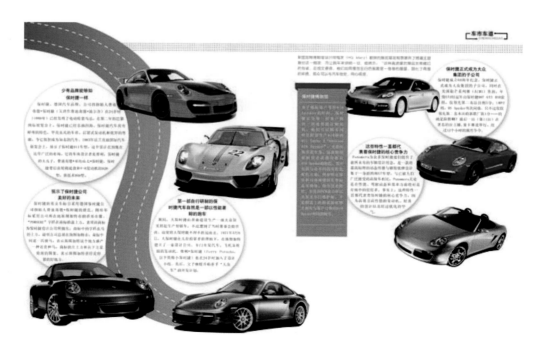

图3-18　挖版设计

3）出血版

　　出血版即图形充满或超出版页，无边框的限制，有向外扩张和舒展之势。出血版由于图形的放大、局部图形的扩张性使你产生紧迫感，并有很高的图版率，一般用于传达抒情或运动的版面。

　　图3-19—图3-24排版中均运用了出血版的方式；图3-19的左边页面采用出血版方式并大量留白设计使得画面简洁大气，重点突出；图3-22中公路的延伸感和出血版的设置更是相得益彰，有强烈的扩展之感。

图3-19　挖版、出血版结合

图3-20　挖版设计

图3-21　出血版

图3-22　出血版

走在九份老街的石板路上，两边各种特色店铺林立，慕
名而来的游客很多。店铺里卖着各种各样的旅游纪念品和小
吃。徜徉于这繁华的小街，完全没有大声的叫卖和喧闹嘈杂，
也没有店主与游客间的尔虞我诈，更妙的是，配上这光亮的
青石板、迂回曲折的石阶、犬牙交错的暗街演绎着说不清、
道不完的别样情趣。

图3-23　出血版

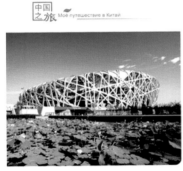

59

60

图3-24　出血版

综上所述，角版沉静，挖版活泼，出血版舒展、大气。在版式设计中，单一的编排方式会使版面显得呆板而松散无序，通常将角版、挖版及出血版穿插灵活运用，如图3-25、图3-26、图3-27所示

图3-25　角版、出血版的应用

图3-26　角版、出血版、挖版的应用

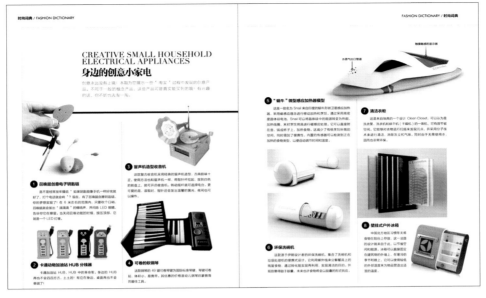

图3-27　角版、挖版的应用

3.2.3　视觉度

　　视觉度是指文字和图版（插图、照片）在版面中产生的视觉强弱度。版面的视觉度关系到版面的生动性、记忆性和阅读性。一个版面设计，如果仅仅是文字版面的排列而无图形的插入，版面会显得毫无生气；相反，只有图片而无文字或视觉度低的文字信息，则会削弱与读者的沟通力和亲和力，阅读的兴趣也会减弱。

视觉度和图版率的区别

　　图版率是指相对于文章，图片所占的比例，与视觉度有类似的地方，关系到版面的生动性、记忆性和阅读性，但视觉度是视觉的表现力的强弱。

　　文字的设计相对图形来讲能增进图意的理解和传达更多信息，插图比照片的视觉度高，特别是天空、海的风景照，视觉度非常低；插图相对于照片，因明快度高，给人的视觉度更强烈，印象更深刻。

　　插图是运用图案表现的形象，本着审美与实用相统一的原则，尽量使线条、形态清晰明快，制作方便。插图是世界通用的语言，其设计在商业应用上通常分为人物、动物、商品形象。

　　如图3-28所示，左右两张排版最大的不同是标题放大了，使得视觉度增强，信息传达力和亲和力增强。

图3-28　标题大小不同带来视觉度的区别

3.3

项目实训案例

3.3.1　书籍设计案例一 ——《图形创意》封面设计

要求：

（1）布局合理，便于阅读，能够使更多的读者在看到书的第一眼就能记住这本书。

（2）设计出新颖有创造力并且实用的书籍封面。

提示：

（1）注意图形创意书籍的特点。图形创意书籍主要讲述的内容能够培养学生的想象力、表现力、创造力，为学生的设计之路打下良好的基础。因此，书籍的封面设计更加考验设计师设计出具有特点、与众不同的封面效果。

（2）主要设计内容为封面、封底和书脊三个部分的内容。重点在于信息的传达，因为书籍的主角是信息；然后是吸引读者阅读的兴趣；提高阅读效率。

项目分析：

书籍的服务对象是读者，那么读者希望阅读什么样的书籍呢？首先映入读者眼帘的是书籍的封面，这是书籍的门面，其次他们希望能够顺畅地进行阅读。

设计效果1：

整体设计完整，让我们看到了书籍的展开效果中封面、封底及书脊的设计，同时设计的亮点在展开后可以清楚地看到书籍封面的镂空效果。在封面的设计中，图形创意中的"图"字进行大胆设计，非常巧妙地将两三个字囊括其中，整体用色大胆而协调，突出这本书的特点，如图3-29—图3-31所示。

图3-29　书籍设计封面（作者：杨华）

图3-30　书籍设计展开效果（作者：杨华）

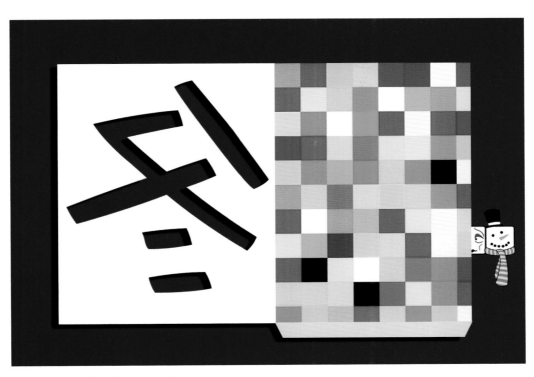

图3-31　书籍设计翻页效果（作者：杨华）

图3-32　书籍设计效果（作者：吴澄泓）

设计效果2：

书籍设计中，封面和封底的设计通过书脊的两个色块进行巧妙过渡，整本书封面和封底的图形设计效果强烈地突出书的内容，主编及副主编也融入图形创意的图形中，形成本书设计中的设计亮点。整体效果简洁大气，能够吸引读者注意，如图3-32所示。

3.3.2　书籍设计案例二——《字体与版式设计》封面设计

要求：

（1）布局合理，突出书籍的内容，字体与版式设计这一主题，能够使更多的读者通过看到书的第一眼就能记住这本书。

（2）设计的封面效果新颖且有创意性。

提示：

（1）注意书籍的特点，此书主要内容为字体与版式设计，那么设计的突破口在字体与排版上，在设计效果上注意创意性、表现力，在设计上引导学生，以便为学生以后的设计之路打下良好的基础。书籍的封面设计更加考验设计师设计出具有特点、与众不同的封面效果。

（2）主要设计内容为封面、封底和书脊三个部分的内容。

项目分析：

在设计每本书之前，都需要对书的内容作深入了解，通过封面吸引读者阅读并了解书的大致信息。

设计效果1：

图3-33 整体设计完整，色彩运用大面积的黄色，明亮，吸引读者，小面积的红色、绿色形成互补，使整个封面的设计上增加跳动的元素；在文字上，字体与版式这几个字进行切割的效果，突出书的内容上的特点；在封底也同样添加红色和绿色的三角形，同封面呼应，封面和封底的效果一气呵成，干净利落。

图3-33　书籍设计展开效果（作者：易维静）

设计效果2：

图3-34整体采用黑白灰的设计效果，为了突出这本书的内容，在字体设计中将"字体与版式设计"每个字打散，并且用线条进行穿插；在排版上，选用方块式简单造型，且正面的方块和背面的方块形成了呼应。在书籍的设计中非常完整，书名、出版社、作者、相关人员信息、条形码、网站信息等内容详尽，整体效果简洁大气，能够吸引读者注意。

图3-34　书籍设计效果（作者：周洪宇）

3.4

项目总结

1）信息的整合与传达

　　设计师首先要搞清楚一本书的主角是什么。书籍的主角是信息，因此最需要重视的是"传达的内容"。

　　所谓好的设计，是让人有所感触的设计，而让人有所感触的是信息，将信息准确而有效地传达给读者，是编排设计贯穿始终的基本要求。读者读书也是为了接受信息，文字的设计与编排是为了更好地传达信息。

2）吸引读者阅读兴趣

　　读者在书店选书时首先看到的是书籍的外观设计，即便是同样名字和内容的书籍，如果版本不同，他们也会先挑选自己感兴趣的封面来读，翻开之后再看到里面的内容。

3）提高读者阅读效率

　　如果阅读太费精力，查找方式太过复杂，读者就会产生厌恶的情绪。有些书籍为了个性化的编排设计往往会造成阅读上的不便，读者所希望的是能够轻松而有效率地阅读，并且希望能尽量回避用眼力辛苦地搜寻。

　　书籍设计也是如此，读者会因为找不到想要的信息而放弃阅读，也会因为不工整的段落排字问题而失去阅读的兴趣，或者是因为难以辨认的小字而感到不满，设计者必须考虑读者的习惯来进行编排设计。为了让读者能够顺畅地阅读，必须要考虑文字的大小、字间距、行间距、字体、文字的排布等方面的问题，这个在之后的段落里会详细讨论。

任选现在所上的一门课程，设计该课程出版物的书籍封面。

要求：

（1）设计包括封面、书脊、封底的三个区域内容，设计完整统一。

（2）通过封面的设计效果，能够让读者了解课程的核心内容，吸引读者注意。

（3）设计整体效果有创意性，注意文字及排版效果，以及各个面之间的关系。

网页版式设计

P59—88

4.1

网页设计基础知识

　　网页是构成网站的基本元素，是承载各种网站应用的平台。通俗地说，网站就是由网页组成的。网页是一个文件，存放在世界某个角落的某一台计算机中，而这台计算机必须是与互联网相连的。网页经由网址（URL）来识别与存取，当我们在浏览器输入网址后，经过一段复杂而又快速的程序，网页文件会被传送到你的计算机，然后通过浏览器解释网页的内容，再展示到你的眼前。网页是万维网中的一页，通常是HTML格式（文件扩展名为.html或.htm）。网页通常用图像档来提供图画，要通过网页浏览器来阅读。

　　网页设计，主要包含网页的平面构成、色彩搭配和编排设计三部分。

4.1.1　网页的平面构成

　　网页设计是一个系统整合工程，包括内容、技术和视觉传达设计三个环节，是艺术与技术的结合。当我们确定好一个网页的内容和主题，就需要在现有技术条件下明确设计的对象，运用各种设计要素来表现网页的主题。进行网页设计时需要考虑：

　　　　（1）文字设计：LOGO文字、正文文字、按钮文字。

　　　　（2）图标设计：按钮、LOGO、矢量图标、像素图标。

　　　　（3）导航设计：导航条、站点地图。

　　　　（4）音频设计：背景音乐、动画音乐。

　　　　（5）视频设计：网络广告、网络视频。

　　　　（6）动画设计：网络广告、GIF动画、FLASH动画。

　　　　（7）图形、图像设计：广告条、矢量图形、像素图案。

　　　　（8）VR设计：三维广告、虚拟现实等。

　　点、线、面是平面构成的基本元素，是一切造型的根本，所有的物质形态都可以归结于点、线、面以及它们综合构成物质的形态。网页的视觉设计也是在处理点、线、面三者的关系，一个按钮和文字在网页中表现为点，导航条和一行文字就构成了线，而一幅图片、一段文字则构成了面。点、线、面位置大小不同，能使网页呈现不同的视觉效果。

1）网页设计中点的构成

　　点表示位置，既无长度也无宽度，是最小的单位。一个单独而细小的对象都可称之为点，点在页面中能起到点睛的作用。在网页中，如果能够在某个位置中设置一个小的形象，也就是只有唯一的点，周围如果是大面积的空白，点就能够吸引观者的视线，形成视觉中心。如果页面中有两个点，那么视线会在这两个点之间移动，形成视觉张力。如果页面中有三个点，那么视线会在这三个点之间移动，形成一个三角形的面。合理地运用点的排列会引起视觉的游动。用点的大小、形状和间距的变化来制作网页，可以设计出节奏、韵律、变化丰富的页面。如图4-1所示，这是一张由多幅图片组成的网页，页面中的图片形成了点，点的形态在页面中是多样的，产生一种节奏和韵律，丰富了画面表现力。

图4-1　点的形态在页面中是多样的，丰富了画面表现力

2）网页设计中线的构成

　　线具有长度而无宽度，点的移动轨迹形成了线。线具有闭合成形、分割区域、限定范围、视觉导向的功能。线不仅有长度和方向上的变化，还有粗与细、实与虚、粗糙与光滑等变化，给人带来不同的视觉和心理感受。线有丰富的情感性格，直线：果断、肯定、紧张；曲线：柔和、婉转、流畅、女性象征；折线：焦虑不安、刻板；水平线：安定、稳定；垂直线：果断且可增强紧张感；倾斜线：不稳定、悬念、动感。如图4-2所示，严谨的线条，使页面稳重富有理性。

图4-2　线条使页面稳重富有理性

3）网页设计中面的构成

　　面是线移动轨迹的结果，有长度和宽度。面的产生：点的形状的扩大；无数点在量上的群集；线的宽度不断地增加和线的平移翻转的轨迹。面具有充实、稳重、整体的特征。面从形态上可分为有机形和几何形。有机形，是由类似生命形态的曲线构成的起伏、强韧、富有弹性的曲线，包含着勃勃生机，亲切而温和。几何形，有规则的结构特征，给人严谨、简洁、鲜明的感受。如图4-3所示，几何形的分割，使页面稳重富有理性；如图4-4所示，有机形的分割，使页面充满活力。

图4-3　画面的几何形分割

图4-4　画面的有机形分割

4.1.2　色彩搭配

在网页设计中，色彩具有先声夺人的力量，是网页设计中最直接、最有力的表现形式，既可以表现网站风格，树立网站形象，又给人留下深刻的印象。人们不仅发现、观察、创造、欣赏着绚丽缤纷的色彩世界，还通过天长日久的时代变迁不断深化对色彩的认识和运用。"色彩是破碎的光……太阳光与地球相撞破碎分散，因而使整个地球形成美丽的色彩。"人类最基本的视觉经验得出结论：没有光就没有色。光线使人们能看到五色的物体，但在漆黑无光的夜晚就什么也看不见了。倘若有灯光照明，则光照到哪里，便又可看到物象及其色彩了。

1）色彩的形成

真正揭开光色之谜的是英国科学家牛顿。17世纪后半期，牛顿进行了著名的色散实验。结果出现了意外的奇迹：在对面墙上出现了一条七色组成的光带，而不是一片白光，七色按红、橙、黄、绿、青、蓝、紫的顺序一色紧挨一色地排列着，极像雨过天晴时出现的彩虹。同时，七色光束如果再通过一个三棱镜还能还原成白光。这条七色光带就是太阳光谱，如图4-5所示。

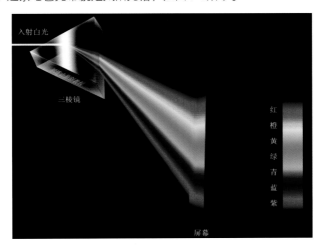

图4-5　太阳光谱

2）网页设计中色彩的基本原则

网页设计要求页面新颖、整洁，文字优美流畅，浏览者在浏览网页时，留下的第一印象就是页面的色彩设计。色彩可以产生强烈的视觉效果，使页面更加生动，它的好坏直接影响阅读者的观赏兴趣。因此，网页的色彩设计应把握以下几个方面：

色彩的个性鲜明性。网页的色彩设计要具有自己独特的风格，彰显鲜明的个性，容易引人注目，使得大家对网站印象深刻。

色彩的合理性。网页设计的色彩搭配要遵从艺术设计的规律，同时，还要考虑人的生理特点。合理的色彩搭配给人和谐、愉快的感觉，避免采用大面积纯度较高的单一色彩，这样容易造成视觉疲劳。

色彩的联想性。不同色彩会产生不同的联想，蓝色使人想到天空，黑色使人想到黑夜，红色使人想到喜事等，选择色彩要和网页的内涵相关联，就是说色彩和要表达的内容气氛相适合，如用粉色体现女性的柔性。

色彩的艺术风格性。网页设计是一种艺术活动，考虑网站本身特点的同时，按照内容决定形式的原则，大胆进行艺术创新，设计出既符合网站要求，又有一定艺术特色的网站，如图4-6所示。

图4-6 黑色与彩色的个性搭配

3）网页色彩搭配的技巧

网页设计中的色彩运用诠释了整体风格的统一性。作为展示给浏览者的页面，色彩是呈现的第一视觉冲击力，色彩的搭配、区域分布、提示性功能等，都可以通过色彩来进行视觉上的空间划分。此类设计色彩同样也要根据适用的人群、整体风格来进行展示。

网页色彩搭配应根据网站的内容、风格以及CIS应用要素规范要求，为网站整体指定一套色彩组合，用于网站的视觉传达设计，以体现网站的整体形象或特点，强化刺激及增强对网站的识别。首先，基于网站的形象选择标准色，再根据标准色确定辅助色。可口可乐公司网站，如图4-7所示，以VI标准色为主要色彩，调整其明度和纯度作为辅助色。网页色彩可采用同种色彩。这里是指先选定某种色彩，然后调整透明度或者饱和度，产生新的色彩，用于网页。这样的页面看起来色彩统一，有层次感。其次，采用对比色彩。先选定一种色彩，然后选择它的对比色。如用蓝色和黄色，如图4-8所示，整个页面色彩丰富但不凌乱。或者，采用一个色系，如图4-9所示。简单地说，就是用一个感觉的色彩，如淡蓝、淡黄、淡绿，或者土黄、土灰、土蓝。在网页配色中，还要注意：不要将所有颜色都用到，尽量控制在三种色彩以内。背景和前文的对比尽量要大，不要用花纹繁杂的图案作背景，以便突出主要文字内容。

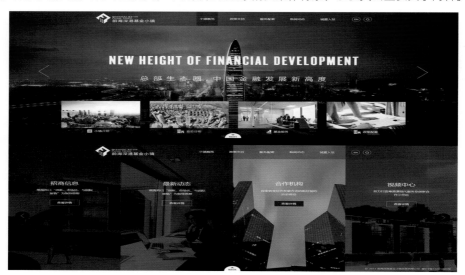

图4-7 以VI标准色为主要色彩的网页

图4-8 对比色彩的网页

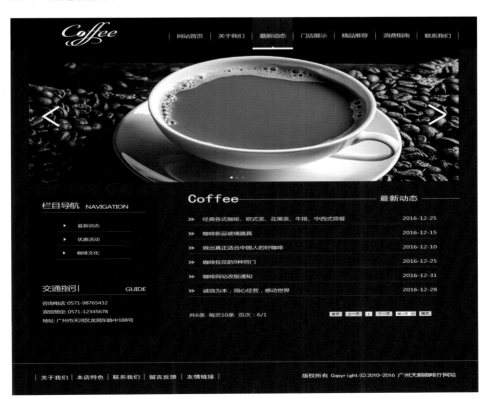

图4-9 同一色系的网页

4）页面各要素的色彩搭配

（1）背景与文字。如果一个网站用了背景颜色，必须要考虑到背景颜色的用色、与前景文字的搭配等问题。一般的网站侧重的是文字，所以背景可以选择纯度或者明度较低的色彩，文字用较为突出的亮色，让人一目了然。当然，有些网站为了让浏览者对网站留有深刻的印象，会在背景上作文章。比如一个空白页的某一个部分用了很亮的一个大色块，是不是让观者豁然开朗呢？此时，为了吸引浏览者的视线，突出的是背景，所以文字就要显得暗一些，这样文字才能跟背景分离开来，便于浏览者阅读文字，如图4-10所示。

（2）LOGO和BANNER。LOGO和BANNER是宣传网站最重要的部分之一，所以这两个部分一定要在页面上突出。怎样做到这一点呢？将LOGO和BANNER做得鲜亮一些，也就是色彩方面跟网页的主题色分离开来。有时候为了更突出，也可以使用与主题色相反的颜色。

（3）导航、小标题。导航、小标题是网站的指路灯。浏览者要在网页间跳转，要了解网站的结构和内容，都必须通过导航或者页面中的一些小标题。所以可以使用稍微具有跳跃性的色彩，吸引浏览者的视线，让他们感觉网站清晰、明了、层次分明。

（4）链接颜色设置。一个网站不可能只是单一的一页，所以文字与图片的链接是网站中不可缺少的一部分。这里特别指出文字的链接，因为链接区别于文字，所以链接的颜色不能跟文字的颜色一样。现代人的生活节奏相当快，不可能浪费太多时间在寻找网站的链接上。设置了独特的链接颜色，自然而然好奇心趋使他移动点击，如图4-11所示。

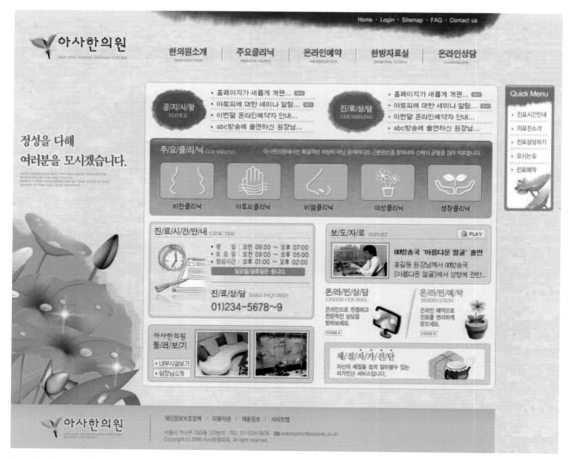

图4-10　背景强烈对比色块网页

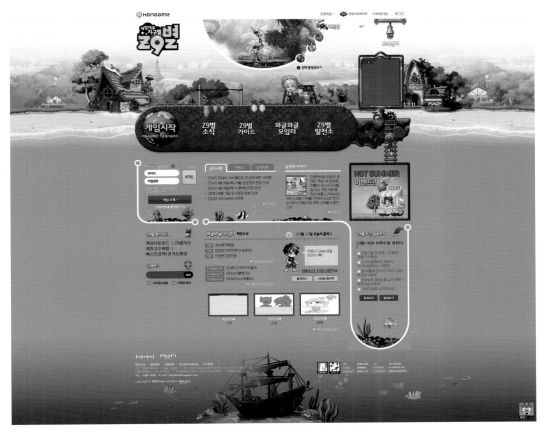

图4-11　独特的链接颜色设置

4.1.3　网页编排设计

　　文字是人类思想感情交流的必然产物。随着人类文明的进步，它由简到繁，逐步形成了科学的规范化的程式。它既具有人类思想感情的抽象意义、韵调和音响节律，又具有结构完整而变化无穷的鲜明形象。尤其是象形文字，更是抽象与具象的完美结合。

　　网页文字的形式体现在网页设计中，字体的处理与色彩、版式、图形等其他设计元素的处理一样非常关键。从艺术的角度可以将字体本身看成一种艺术形式，它在个性和情感方面对人们有着很大影响。

1）文字编排方式

　　网页里的正文部分是由许多单个文字经过编排组成的群体，我们要充分发挥这个群体形状在界面整体布局中的作用。

　　（1）两端对齐。文字编排可以横排，也可竖排，只要左右或上下的长度对齐，这样的字群组合就显得整齐、端正、严谨、大方、美观，如图4-12所示。但要注意避免平淡，可选取不同形式的字体穿插使用，这种方式容易与图片混排。

　　（2）一端对齐。一端对齐能产生视觉节奏与韵律的形式美感。通过左对齐或右对齐的方式使行首或行尾自然形成一条清晰的垂直线。另一端任其长短不同，能产生虚实变化，又富有节奏感。左对齐符合人们阅读时的习惯，有亲切感。右对齐可改变人们的阅读习惯，会显得有新意，有一定的格调，如图4-13所示。

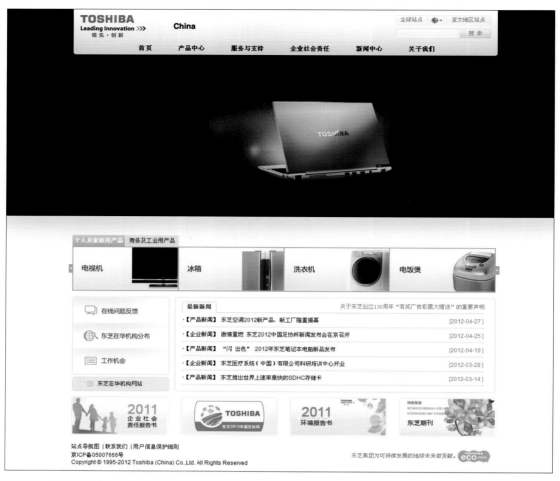

图4-12　文字两端对齐

图4-13　一端对齐

（3）文字绕图编排。文字围绕图形边缘排列，这种穿插形式的应用非常广泛，能给人以亲切、自然、生动和融洽的感觉。公司简介的网页中，将文字绕图排列，极具亲和力，如图4-14所示。

（4）自由编排。自由编排在综合甚至打破上述几种方式的基础上，使版式更加活泼，更加新颖，具有较强烈的动感。但要注意保持版面的完整性，还要注重有一定的编排规律。倾斜的文字适合版面活泼动感的特点，突出视觉焦点，如图4-15所示。

图4-14　文字绕图编排　　　　　　　　　　图4-15　文字自由编排

（5）标题与正文的编排。标题的字体、位置、大小、排列方向能够直接影响编排版式的艺术风格。标题完全可以打破一般视觉的常规导向，可横排、竖排、居中或边置等排列。标题虽是整段或整篇文章的标题，但不一定千篇一律地置于段首之上。可作居中、横向、竖向或边置等编排处理，甚至可以直接插入字群中，以新颖的界面来打破旧有的规律。

一般情况下，正文不做分栏处理，因为分栏将使浏览者面临反复拖动滚动条的麻烦。如果想打破一栏的单调，可采用图文混排的形式，如图4-16所示。

2）网页布局的基本结构

（1）左右对称结构布局。左右对称结构是网页布局中最为简单的一种。"左右对称"所指的只是在视觉上的相对对称，而非几何意义上的对称，这种结构将网页分割为左右两部分。一般使用这种结构的网站均把导航区设置在左半部，而右半部用作主体内容的区域。左右对称性结构便于浏览者直观地读取主体内容，但是却不利于发布大量的信息，所以这种结构对于内容较多的大型网站来说并不合适，如图4-17所示。

（2）"同"字型结构布局。"同"字型结构名副其实，采用这种结构的网页，往往将导航区置于页面顶端，广告条、友情链接、搜索引擎、注册按钮、登录面板、栏目条等内容置于页面两侧，中间为主体内容，这种结构比左右对称结构要复杂一点，不但有条理，而且直观，有视觉上的平衡感，但是这种结构也比较僵化。在使用这种结构时，恰当的用色技巧会规避"同"字结构的缺陷，如图4-18所示。

图4-16 图文混排

图4-17 左右对称结构布局

（3）"回"字型结构布局。"回"字型结构实际上是"同"字型结构的一种变形，即在"同"字型结构的下面增加了一个横向通栏。这种变形将"同"字型结构不是很重视的页脚利用起来，增大了主体内容，合理地使用了页面有限的面积，但是这样往往使页面充斥着各种内容，拥挤不堪，如图4-19所示。

图4-18 "同"字型结构布局

图4-19 "回"字型结构布局

（4）"匚"字型结构布局。和"回"字型结构一样，"匚"字型结构其实也是"同"字型结构的一种变形，也可以认为是将"回"字型结构的右侧栏目条去掉得出的新结构。这种结构是"同"字型结构和"回"字型结构的一种折中，其承载的信息量与"同"字型相同，而且改善了"回"字型的封闭型结构，如图4-20所示。

图4-20　"匚"字型结构布局

（5）自由式结构布局。以上几种结构是传统意义上的结构布局。自由式结构布局相对而言就没有那么"安分守己"了，其随意性特别大，颠覆了以前以图文为主的表现形式，将图像、Flash动画或者视频作为主体内容，其他的文字说明及栏目条均被分布到不显眼的位子，起装饰作用，这种结构在时尚类网站中使用得非常多，尤其是在时装、化妆用品的网站中。这种结构富于美感，可以吸引大量的浏览者欣赏，但是却因为文字过少，而难以让浏览者长时间驻足，另外起指引作用的导航条不明显，不便于操作。

（6）"另类"结构布局。如果说自由式结构是现代主义的结构布局，那么"另类"结构布局就可以被称为后现代的代表了。在"另类"结构布局中，传统意义上的所有网页元素全部被颠覆，被打散后融入一个模拟的场景中。在这个场景中，网页元素化身为某一种实物，采用这种结构布局的网站多用于设计类网站，以显示该网站前卫的设计理念。这种结构要求设计者要有非常丰富的想象力和非常强的图像处理技巧，因为这种结构稍有不慎就会因为页面内容太多而拖慢速度，如图4-21所示。

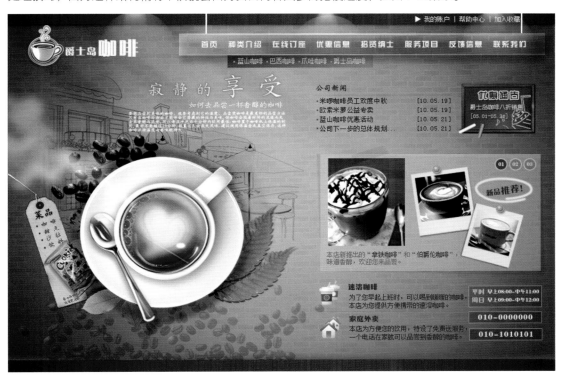

图4-21　"另类"结构布局

4.2
图版编排的构成

版式设计中，图片是辅助传达文字内容的设计要素，其宗旨是对文字内容作清晰的视觉说明，同时对出版物版式起到装饰美化的作用。恰当地运用图片，可以使版面更加丰富，同时赋予出版物传达信息的节奏韵律，给读者留下美好的阅读体验。

4.2.1 图的设计方式

在版式设计中，图片与文字一样是重要的构成元素，图片的放置、数量与位置等会直接影响版面的编排效果。

1）图片的面积与张力

图片面积的控制可以体现主次分明的格局。一般来说，图片面积大的比小的更引人注意，因此合理调整图片的大小可以使主次关系更明确。如图4-22所示，版面选取了同系列的三张图片进行编排，图片的大小对比使版面更有层次感，同时增强视觉张力。

2）图片的数量

图片数量的多少可以影响观者的阅读兴趣，数量较多可以营造热闹的版面氛围，也可以形成对比的格局，如图4-23所示，图片的数量较多，使得版面内容较为丰富、饱满。从图4-24来看，图片数量虽多，但在结构上调整了图片的大小，使图片紧凑有序，整体效果依然比较平衡。

图片量较少的版面结构比较清晰简单，营造的氛围也较平静，如图4-25所示，版面中只有一张图片与文字搭配编排，整个版面以文字为主，阅读性较高。

　图4-22　图片面积大小调整　　　　图4-23　图片数量影响读者阅读兴趣

图4-24　图片紧凑有序的视觉效果　　　　　　　图4-25　图片较少的版面清晰、简单

3）图片的方向

图片的方向是指在一个版面中，因图片摆放所形成的版面视觉走向，如水平方向、垂直方向、倾斜方向等。大多数版式设计中采用水平摆放或垂直摆放的方式来控制图片方向，以打造简洁的画面效果，而倾斜的摆放方式则比较俏皮新颖，能给人一种运动感。

如图4-26所示，版式中的三张图片垂直摆放，使版面比较整齐，有鲜明的条理性；如图4-27所示，版面中的多张图片以组合的方式倾斜摆放，增强版面动感，生动活泼；如图4-28所示，版式中间的图片以组合的方式呈水平摆放，令版面严谨、沉稳。

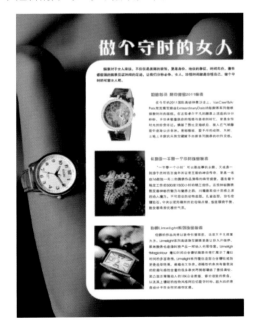

图4-26　图片垂直，条理清晰　　　　　　　　　图4-27　图片倾斜，画面动感

图4-28　图片组合，版面严谨、沉稳

4.2.2　造型原理

1）对称

当从订口处装订对页的时候，采用能够使所安排的页面内容在对折时完美地互相重合的构图，就会形成右侧页面与左侧页面左右对称的形式。除了左右对称以外，还有上下对称，这种构图方式能够给读者带来安定的感觉。但是，有时候会出现页面处理过分的情况，所以，排版时的对称并不是指完全的对称，而应该在基本对称的同时加入一些微妙的变化，造成一些不规则的部分，这样的版式也比较受人喜爱。

如图4-29所示，页面的设计完全采用对称的形式，版式构图工整有序；如图4-30所示，版式构成在对称的基础上略有变化，出现一些不规则，使画面更加灵动。

2）节奏与韵律

节奏与韵律来自于音乐概念，正如歌德所言："美丽属于韵律。"韵律被现代版式设计所吸收。韵律是按照一定的条理、秩序，重复连续地排列，形成一种律动形式。它有等距离的连续，也有渐变、大小、长短、明暗、形状、高低等的排列构成。在节奏中注入美的因素和情感的个性，就有了韵律，韵律就好比是音乐中的旋律，不但有节奏，更有情调，能增强版面的感染力，开阔艺术的表现力。

如图4-31所示，喷溅出来的液体形成文字，文字由小到大，带有韵律感，如图4-32所示，根据内容将页面分成几栏，并通过描边实现内容的区分，使页面整体均衡且具有韵律。

4.2.3　构成的种类

图片的构成方式直接关系着版面的视觉效果。图片在版面中的构成方式是根据版式结构与版面风格来安排的，所以，版式设计中图片的分布类型是多种多样的。

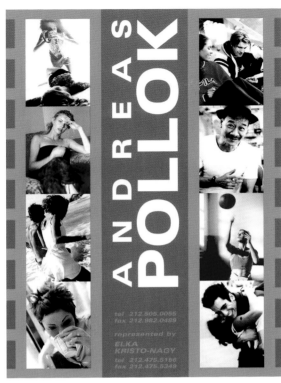

图4-29 版面完全对称形式

图4-30 版面不规则对称

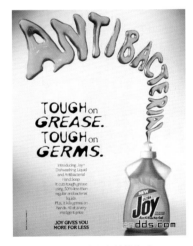

图4-31 液体形成文字的韵律感

图4-32 页面的均衡和律动

1）上下

将版面分为上下两个部分，图片在版面的上下位置以单张或多张的形式分布，可以使版面的结构更清晰，视觉流程更加自然。如图4-33所示，将版面分为上下两个部分，上半部分为图片，下半部分为文字，符合视线由上到下的原则，使视觉流程更自然舒适。

2）左右

将版面分为左右两个部分，分别在版面的左右两侧配置图片，使之有一种对比关系，产生对称的美感。如图4-34所示，整个版面分为左右两个部分，视线通常是从左到右的，图片分布在左右两侧，在吸引目光的同时，也使左右两边得到了对比。

图4-33　版面构成的"上下"

图4-34　版面构成的"左右"

3）中轴分布

中轴分布是指以版面的水平中轴线或垂直中轴线为基础，将版面中的要素按照水平或垂直方向进行放置。其中水平放置有一种稳定、平和的感觉，而垂直放置则有一种动感。如图4-35所示，图片中最醒目的建筑居于垂直中轴线的位置，两边佐以文字，版面大气，整体感强。

图4-35　版面构成的"中轴分布"

4）自由分布

图片在版面中的分布形式还有自由分布，这种形式的特点是没有规律，比较随意。图片自由分布的版面，编排更具灵活性，给人一种自由、活泼的感觉。如图4-36所示，图片在版面中随意分布，找不到规律，但是这种分布形式让版面结构多样化，视觉效果新颖、活泼，给人轻快、灵动的视觉感受。

图4-36　版面构成的"自由分布"

4.3
项目实训案例

4.3.1　网页版式设计案例——传媒艺术系网页界面设计

要求：

（1）布局合理，具有艺术表现性、多向交互性。

（2）设计出新颖有创造力并且实用的网页界面设计。

提示：

（1）网页设计从策划、设计、制作到发布需要制订一个完整而严谨的流程，以便提高工作效率，达到事半功倍的效果。网页设计的流程主要包括项目规划、内容组织、页面设计、测试发布、站点推广、评估反馈六个环节。

（2）这里的练习主要是设计主界面，要求主界面内容完整。

项目分析：

学校院系的网站是信息传播、网络营销与品牌塑造的重要途径，也可称之为官方网站。这类网站有其既定的浏览者群体，因此，在这类形象类网站与浏览者之间交互功能的设置，使网页能为浏览者提供及时的信息更新与反馈。

设计效果1：

如图4-37所示，整体设计完整，让我们看到了网页主界面设计中的导航栏、网页广告信息内容的设计。这位同学最大的设计亮点在于：网页的设计颠覆传统的设计风格，更加创新、灵动，体现了传媒艺术系的办学理念和办学特色，整体用色协调，突出学院特点。

设计效果2：

如图4-38所示，网页界面的设计中，整体效果偏传统，设计者的特点在于网页的背景中使用各种颜色进行碰撞，体现传媒艺术系的特点。网页上部分的用色与下部分用色遥相呼应，整体效果简洁大气，能够吸引浏览者注意。

4.3.2　个人网页界面设计案例

要求：

（1）布局合理，具有艺术表现性、多向交互性。

（2）设计出新颖有创造力并且实用的网页界面。

提示：

（1）设计网页时，一定要注意页面版式的合理性，注重版式的设计，不要板块冗杂；页面版式的搭配，注重协调简洁。同时要注意页面色彩的搭配，多用暖色调，协调搭配冷暖色。

（2）这里的练习主要是设计几个大的界面设计效果。

项目分析：

不管个人网站出于何种目的而建设，其核心一定是以个人信息展示为中心，因此，个人网站设计制作首先明确站点建设的目的，确定网站的主题及相关内容，以此确定网站的风格特征，彰显个性与自我。其次，个人网站的风格与个人的个性是息息相关的，个性的融入使得个人网页更显得与众不同、独具匠心。

设计效果1：

如图4-39 — 图4-43所示，运用几种颜色的块面，明亮，吸引读者，容易让人记住，非常清新。设计的界面完整，包括欢迎页面、主界面和几个分页面，设计简洁、清新自然。

设计效果2：

如图4-44 — 图4-47所示，从整体设计风格可以看出设计者是一个热爱漫画，赋予清新色彩的设计师。整体设计风格统一、简洁、重点突出，容易给人留下深刻印象。

图4-37　网页主界面设计效果（作者：王华）

传媒艺术系

站内搜索： Go

设为首页 加为收藏

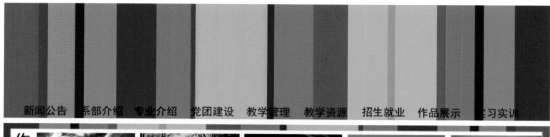

新闻公告 系部介绍 专业介绍 党团建设 教学管理 教学资源 招生就业 作品展示 实习实训

作品展示

 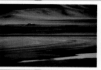

热门文章

◆ 环境艺术与设计
◆ 影视广告
◆ 图形图像制作
◆ 广告设计与制作
◆ 影视动画
◆ 传媒艺术系简介
◆ 动漫设计与制作
◆ 2011年传媒艺术系招生简章
◆ 刘晓东摄影展（新疆）
◆《期末作品》展览
◆ 影视就业信息
◆ 第三届运动会
◆ 影视作品展

最新消息

[新闻公告] 传媒艺术系08界及往届　04-28
[新闻公告] 我院师生第五次赴南川　04-28
[新闻公告] "绿化校园"公益竟买　04-26
[新闻公告] 校企合作趣易数字娱乐　04-18
[新闻公告] 全国大学生广告艺术大　04-16
[新闻公告] 首届"五个校园"摄影　04-16
[新闻公告] 传媒艺术系党总支召开　04-14
[新闻公告] 户外拓展训练　04-06
[新闻公告] 生子风波拍摄现场　04-05
[新闻公告] 数码相机性能价格和搭　04-03
[招生就业] 急聘摄影摄像人员　03-25

专业介绍

◇ 图形图像制作
◇ 影视广告
◇ 广告设计与制作
◇ 环境艺术设计
◇ 影视动漫
◇ 动漫艺术与制作
◇ 编导

新闻公告

传媒艺术系08届及往届毕业生重修补考 ………… 04-28
我院师生第五次赴南川区参加集中植树活动 ………… 04-28
"绿化校园"公益竟买活动--争先创优主题 ………… 04-26
校企合作趣易数字娱乐公司实训大型巡讲 ………… 04-18
全国大学生广告艺术大赛参赛办法 ………… 04-16
首届"五个校园"摄影大赛通知 ………… 04-16

邮编： 401331

电话： 023--88667762

维护： 重庆电子工程职业学院

传真： 023--65907000

图4-38　网页界面设计效果（作者：焦璐璐）

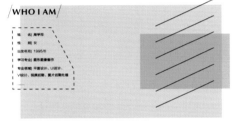

图4-39　网页界面设计效果（作者：周学而）

图4-40　网页界面设计效果（作者：周学而）

图4-41　网页界面设计效果（作者：周学而）

图4-42　网页界面设计效果（作者：周学而）

图4-43　网页界面设计效果（作者：周学而）

图4-44　网页界面设计效果（作者：许琼颖）

图4-45　网页界面设计效果（作者：许琼颖）

图4-46 网页界面设计效果（作者：许琼颖）

图4-47 网页界面设计效果（作者：许琼颖）

4.4

项目总结

1）匠心独具的网页风格与整体设计

自从网页走上艺术的道路，成为视觉传达艺术家族的新成员以来，匠心独具的网页风格设计就成为网页设计的原则与特征中首要的一点，它对网页的整体形式设计作了一个概括性的要求说明。

2）词约指明的网页结构与导航设计

词约指明，意指言辞简洁，旨意明确，在此处用以形容优秀的网页结构和导航设计，强调网页结构与导航设计一定要简洁清晰、明确实在。这是因为网页结构是网页设计中连接与统一各级页面的纽带，与导航设计是紧密联系、不可分割的统一整体，二者设计的优劣是网页功能与审美的直接体现。

3）浑然一体的网页内容与形式设计

内容决定形式，形式表现内容，浑然一体的网页内容与形式设计是优秀网页设计的原则与特征之一。网页内容主要是指网页的图片、文字与多媒体元素等信息的综合，是网页基本组成部分；网页形式则主要是指网页风格、版式、色彩、设计元素等相关设计语言，是网页的外在表现方式。

在网页设计中，内容具有主导地位，决定和制约着形式的设计与表现。同时，网页设计是网页信息内容传达的有效途径。

设计一个个人网页界面，体现个人的风格特点。

要求：

（1）设计内容包括主界面、欢迎页面和几个重要分页面，设计完整统一。

（2）通过界面的设计效果，能够传达给浏览者个人核心的内容，吸引浏览者注意。

（3）设计整体效果有创意性，注意文字及排版效果，以及各个界面之间的关系和展示个人风格特点。

宣传册版式
设计

P89—114

BANSHI SHEJI XIANGMU JIAOCHENG

5.1

宣传册的基础知识

企业宣传册一般以纸质材料为载体，以企业文化、企业产品为传播内容，是企业对外最直接、最形象、最有效的宣传形式。宣传册是企业宣传不可缺少的资料，它能很好地结合企业特点，清晰地表达宣传册中的内容，快速传达宣传册中的信息，是宣传册设计的重点。一本好的宣传册，包括环衬、扉页、前言、目录、内页等，还包括封面、封底的设计。宣传册设计讲求一种整体感，从宣传册的开本、文字艺术，以及目录和版式的变化，从图片的排列到色彩的设定，从材质的挑选到印刷工艺的质量，都需要做整体的考虑和规划，然后合理调动一切设计要素，将他们有机地融合在一起，服务于企业内涵。

在宣传册设计中主要包括宣传册制作的基本步骤、材料与印刷，以及宣传册内容的制作三部分。

5.1.1 宣传册制作的基本步骤

1）纸张的规格

纸张的规格：A3，A4，A5，A6。书刊本宣传册现行开本尺寸主要是 A 系列规格，有以下几种。

A4（16k）：297 mm×210 mm；

A5（32k）：210 mm×148 mm；

A6（64k）：144 mm×105 mm；

A3（8k）：420 mm×297 mm。

纸张按种类可分为新闻纸、凸版印刷纸、胶版纸、有光铜版纸、哑粉纸、字典纸、地图纸、凹版印刷纸、周报纸、画报纸、白板纸、书面纸、特种纸等。普通纸张按克重可分为 60 g/㎡，80 g/㎡，100 g/㎡，105 g/㎡，120 g/㎡，157 g/㎡，200 g/㎡，250 g/㎡，300 g/㎡，350 g/㎡，400 g/㎡。

2）宣传册制作的基本步骤

宣传册是企业推广其自身和产品的重要媒介，其制作一般要经过以下几个步骤：

（1）在进行一个宣传册设计时，首先要收集设计中所涉及的各种资料和参考数据。包括对宣传对象的产品、市场、消费者的调查研究情况及调查数据的分析，以及设计制作企业宣传册的企业识别商标、字体、标准色等设计技术资料。

（2）根据企业自身的规模大小和市场状况，确定宣传册的开本形式、尺寸大小、印刷材料的选择、印刷数量等，再以草图的形式进行勾勒。

（3）设计宣传册的封面、封底。宣传册的封面，犹如一个人的脸，应具有强烈的产品个性与企业形象。封底是宣传册的结尾，犹如乐章的尾声，应与封面相呼应，形成统一的整体。

（4）内页在编排上与封面相比，较为柔和。内页一般运用现成素材，进行连续设计，要有独特个性，并用一定的艺术氛围来烘托主题，如遇图片较多则应突出重点，要避免杂乱无章。在创意期间需要考虑企业的特点，对草图进行修改和调整，最后定稿通过。

（5）根据定稿的方案，按印刷要求在电脑上进行排版打样，选择宣传册印刷的方式进行印刷。制作企业宣传册必须把握一条原则，即根据企业自身风格、实力慎重选择制作符合自己身份的制作物。避免让顾客产生错觉，提供错误的信息，从而产生一些负面的印象。通常展示的平面物种类繁多，如企业宣传册（产品目录）、便捷手提袋、印有企业标识的明信片等。

3）企业宣传册的定位

制作一本企业宣传册的第一步是要确定体现多少信息、宣传册的用途、是否用于展示会。展示会上使用制作的企业宣传册与日常所说的目录不尽相同。对于大型企业，参展的目的多在于巩固其已有的品牌地位，并进一步推广旗下产品。宣传手册多作为赠品发放，内容多为当季所推广的系列产品目录。而小型企业，特别是国内大多数的企业，面对客户的机会较知名企业少，所以希望表达较为全面的内容，这种目的下企业宣传册的制作要具体、翔实，如图5-1所示。

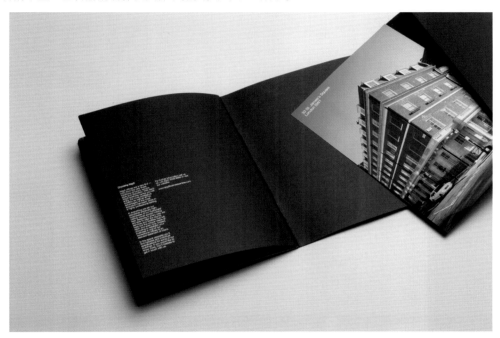

图5-1　宣传册的制作效果

4）开本

宣传册的开本有很多种，也可以根据制作者的意愿进行变形，但是要尽可能不浪费纸张。选择不同的开本还应当依据企业产品的风格而定，开本的大小效果如图5-2所示。

长方形开本相对传统一些，如正度16开（210 cm×285 cm）是最常用的杂志、艺术类书籍的尺寸，产品目录也常使用这种开本。这种尺寸的版面较大，放置大型图片视觉冲击力强。一般大中型企业可以选用这种开本。

方形开本是较为时尚新颖的一种开本。这种开本较小，但跨页版面仍然很大，做大尺度图片的排版也会有很好的效果。中小型企业选用这种开本，既符合企业身份，也不会影响版面效果。

5）装订

展示会上使用的宣传册，最好设计成标上页码能展开的一种，而避免将它装订成册。

而用骑马订（即U形订），装订的方法较其他装订方法也最便宜，效果如图5-3所示。大、中型企业通常使用这种方法。由于印务上的要求，这种方法装订的书页总页数必须是4的倍数。另外，不用装订而直接折叠制作的手册称为折页手册。折叠方法大致分为两类：返折和卷折，书籍通常采用返折的折叠法。卷折又可分为4卷折、蛇腹折和观音折，后两种比较常用。一般大中型企业若选用折页手册，务必选择克数较高的纸张，并增加"折纸"工序，以避免宣传册显得过于单薄进而影响企业形象。大部分小型企业可选用卷折式的传单。选用克数小的纸张不仅可以减少成本（如90克雪铜），制作过程中也不需要进行"折纸"这样的工序。除了展览会上的发放，目录还可以在平时通过邮递的方式传递。此种方式的目录即所谓的 DM（邮政）广告，又称直接函件。为了节约成本，也可将目录的尺寸直接设计成符合邮寄标准或能够放入公司平时使用的DM广告专用信封里的大小。

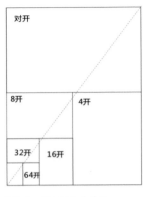

	正度	大度
全张	787x1092	88994x11
正对开	520x740	570x840
正4开	370x520	420x570
正8开	260x370	265x420
正16开	185x260	210x285
正32开	130x185	142x220
正64开	92x130	110x142

	B度		A度
全开	1000x1414	890X1240或900x1280	
B5	169x239	A4	210x297
B6	119x165	A5	148x210
B7	82X115	A6	101x144

图5-2 开本的大小效果

图5-3 骑马订

5.1.2 材料与印刷

1）材料

铜版纸表面光滑，白度较高，色彩表现上良好，如图5-4、图5-5所示。胶版纸印刷层次较铜版纸略为平淡。制作宣传手册以铜版纸居多，但胶版纸的手感柔和，反光较弱，通常也被一些注重环保的企业喜爱。其他特种纸，如水纹纸、玻璃纸等都可根据需要适当选用，但在印刷和阅读方面较前两种纸不方便，所以选择应当慎重。

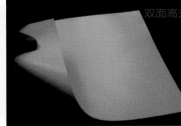

图5-4 单面高光铜版纸

图5-5 双面高光铜版纸

2）印刷

根据调查统计，彩色的印刷品可以提高40%的阅读率。所以作为宣传手册，除了黑白印刷以外，再选择一至两个黑色以外的颜色，就是套色印刷。套色印刷可以提高视觉效果和阅读率，同时也不会花费太多的预算，是一种价格低廉且效果很好的印刷形式。当然，套银色和金色这种特殊的颜色价格还是偏高。彩色印刷有许多种类可供选择。大多数情况下，使用的都是四色印刷，即CMYK模式。专色印刷也是一种很有表现力的印刷形式，较四色印刷更鲜明亮丽。但是在有专色的设计中，设计师在设计过程中一定要考虑或应该知道专色墨实地印刷与挂网印刷存在的盲点。要保证专色的印刷厂机器的性能，以及印刷操作工人的技术等。 另外，还可以将彩色油墨印在色纸上，如果搭配得宜，效果同样会非常出众，如Telegraph Colour Library 公司醒目的黄色纸张。

手册封面制作通常会有一些讲究，比如覆单面雾膜或亮胶膜处理。雾膜的手感细腻，适合高档家具企业。亮胶膜则可以使色彩更加绚丽，能很好地体现出时尚年轻的企业风格。局部UV上光是封面装帧中常见的一种形式，通常在封面文字部分使用，综合运用凸凹压印使文字更加突出，并有不同的手感，时尚现代。

5.1.3　企业宣传册内容的制作

1）制作之前的准备工作

制作之前，首先要确定目录所包含的内容。这需要设计师和企业达成共识：图片或照片由谁提供；文字说明是由企业提供还是由设计策划人兼做。

（1）图片。就宣传册而言，一图胜千言，图片的优劣是决定一本手册成败的重要因素。图片的风格色调应当与整个手册一致。因此，若企业自备图片，则必须考虑到手册整体的设计风格，并符合企业本身的风格。否则，在图片质量达不到保证的情况下，设计师应当在告知商家的前提下对图片进行修改。另外，所有出现的图片应当保持风格一致，相互协调，而不是自成一体。图片中产品的大比例必须相对一致，这样使得手册系统而严谨，也会使阅读更加舒适、方便。

（2）文字。若只有图片，而没有相关的文字说明，会大幅减少阅读者浏览的时间，也会使人匆匆翻过，而不知所云。手册目录的文字既具有很强的广告性又要有实际的功能性，所以语言一般严谨、精练。这部分的资料最好由企业提供，或由企业与设计师商讨后决定，以确保信息的准确性。只有图文明确之后，手册制作工作才可以顺利进行下去。在此之后，就可以开始着手版面编排的工作了。

2）总体风格的确定

一份宣传册应该是一件有组织的视觉作品，确定总体风格是非常重要的，包括以下内容：手册整体色调的选择；字体的选择，包括中、英文字体；图片的风格。总体风格的确定需要根据不同的企业个性和产品所面对的人群特性决定，这部分设计概念应当与企业日常销售中所采取的形象统一。

3）封面

在宣传册的封面上需标明企业名称、内容的有效时间，图片若能展示企业特点，会让目录手册更加一目了然，达到很好的效果，如图5-6所示。

4）产品介绍部分

若宣传册包含产品种类众多，则需标上页码，并编排目录，方便阅读，而不是只有分类信息。知名高档企业的手册的产品介绍部分会以图片为主，图片应尽量放大，同时必须保证有适当留白，如图5-7所示。说明文字需标明产品编号、样品尺寸、材质，以及可提供的其他尺寸和材质，是否标注价格需由企业决定。说明文字也不必总位于产品旁，只要文字和照片上对应的标号一目了然，读者就能把它们联系起来。产品富有创意的设计部分必须一一说清楚，可以将图片的这部分放大，并配以相关设计说明。说明文字采用细小的字号会产生很好的效果，较大的行距（如字高的200%）可使阅读变得轻松。对于一些外资企业，如有需要出现中英文对照说明，两种文字段落之间间距应当拉开（如字高的350%）。

5）附录

产品介绍结构之后，手册还需要包括一些必要信息。例如，若企业产品通过了某质量认证标准，通常会在产品目录的后部将认证标志和该认证的意义罗列出来。一个不可缺少的部分即各地经销场所的地址和电话，通常会写在后面。企业的名称也要在封底重现一次，若有官方网站也可写出。

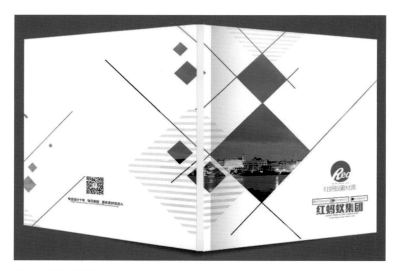

图5-6 宣传册封面封底

图5-7 宣传册内页

6）后附订单

若需要在手册后面附加订单，通常会使用质量较次的纸张如胶版纸印刷，为节约成本，可只印一种颜色。订单会比手册小一些，但要足以容纳所有需宣传的信息。订单经常会附订在装订成册的手册内，易于撕掉；或者制作成目录的一部分并用孔线记号表明顾客可以将它们从目录中撕下来。

5.2

网格系统

网格设计是平面设计视觉图像的重要组成部分，作为一种行之有效的版式设计法则，具有明显的装饰作用。而现代设计艺术的重要组成部分是版式设计，是视觉传达的重要手段，单从表面来看，它是关于编排的学问；实际上，它不仅是一种技能，更实现了艺术与技术的高度统一，因此，网格设计对于版式设计来说，有着举足轻重的作用。

5.2.1　网格的重要性

网格构成是现代版式设计最重要的基础构成之一。作为一种行之有效的版面设计形式法则，将版面中的构成元素，点、线、面协调一致地编排在版面上。

1）什么是网格

网格是用来设计版面的一种方法，主要目的是方便设计师在设计的时候有明确的设计思路，构建完整的设计决策。

在版式设计中，将版面分为一栏、二栏、三栏以及更多的栏，再将文字与图片编排在其中，给人视觉上的美感。网格设计在实际版式运用中具有严肃的、规则的、简洁的、朴实的等版面艺术表现风格，如图5-8所示。

2）网格的重要性

网格在版式设计中有着约束版面的作用，其设计特点主要强调了比例感、秩序感、整体感、时代感与严肃感，使整个版面具有简洁、朴实的版面艺术表现风格，在版式设计中成为主要的构成元素。

网格作为版式设计中的重要基础要素之一，构建出良好的骨架是很重要的。在版式设计中，一个好的网格结构可以帮助人们在设计的时候根据网格的结构进行版式设计。在编排的过程中有明确的版面结构。如图5-9所示，是网格的排列；如图5-10所示，是杂志版式效果。

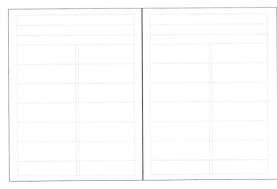

图5-8　网格

图5-9　网格的排列

使用网格体现理性化、稳定的视觉效果，沿着版面上的网格设计，固定版面的四个角形成中心点，起到稳定画面的作用，同时网格版面给人稳定、信赖的感觉。

（1）网格具有版面需求性。网格作为版式设计中的重要构成元素，为版面设计提供了一个结构，使整个设计过程更加轻松，也让设计师对版面风格决策更简单化。如图5-11所示，设计师使用了简单、对称的三栏网格以及较宽的页面留白，整个版面使用了有力的网格，使版面具有稳定感。

图5-10　杂志版式　　　　　　　　　　图5-11　三栏网格版面

（2）网格具有信息组织的功能性。组织页面信息是网格的基本功能性体现。在现代版面编排中，网格的这种运用方式变得更加进步、精确，从以前简单的文字编排到现在的图文混排，网格的运用使整个版面中图文编排具有规律性特征，如图5-12所示。

图5-12　图文编排的网格结构

（3）网格具有阅读的关联性。在版面编排中，设计师有很大的自由空间进行版面元素编排，但是人们阅读版面中图片与文字信息的方式就意味着，在一个版面中，必定有一部分内容更吸引人们注意，表现更突出，如图5-13所示。

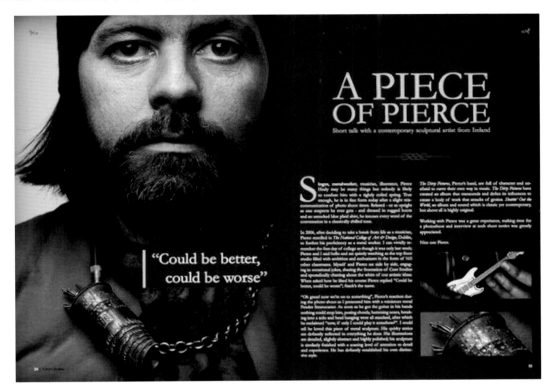

图5-13　网格结构使内容突出

5.2.2　网格的类型

版式设计中，网格的构成主要表现为对称式网格与非对称式网格设计两种。在版式设计中起着约束版面结构的作用，在约束的同时体现出整个版面的协调与统一。

1）对称式网格

所谓对称式网格，就是在版面设计中，使左右两个页面结构完全相同。它们之间产生了相同的内页边距和外页边距，外页边距由于要写一些旁注所以要比内页边距多一些，如图5-14所示。对称式网格线的目的主要是起组织信息，平衡左右版面的作用，如图5-15所示。

（1）对称式栏状网格。对称式栏状网格的主要目的是组织信息以及平衡左右页面的设计，根据栏的位置和版式的宽度，左右页面的版式结构完全相同。对称式栏状网格中的栏指的是印刷文字的区域，可以使文字按照一种方式编排。

栏的宽窄直接影响文字的编排，栏可以使文字编排更有秩序，使版面更严谨。但是栏也有一些不足之处，如果标题变化不大将会影响整个版面文字的活力，使版面显得单调，如图5-16所示。

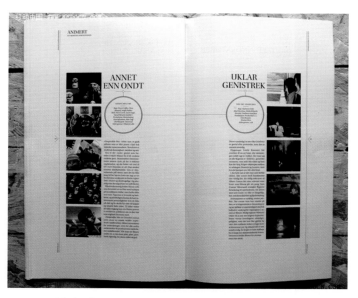

图5-14　对称式网格

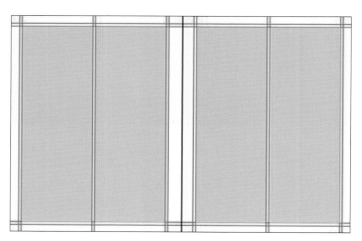

图5-15　对称式网格线

图5-16　对称式栏状网格

对称式栏状网格分为单栏网格、双栏网格、三栏网格、四栏网格，甚至多栏网格等。

①单栏网格，在单栏网格版式中，文字的编排过于单调，容易使人产生阅读疲惫的感觉。单栏网格一般用于文字性书籍，如小说、文学著作等。因此在单栏网格中文字的长度一般不要超过60字，如图5-17所示。

②双栏网格，主要表现为能更好地实现版面平衡，使阅读更流畅。双栏网格在杂志版面中运用十分广泛，但是双栏网格的版面缺乏变化，文字的编排比较密集，画面显得有些单调，如图5-18所示。

③三栏网格，将版面左右页面分为三栏，适合版面文字信息较多的版面，可以避免行字数过多造成阅读时的视觉疲劳感。三栏网格的运用使版面具有活跃性，打破了单栏的严肃感，如图5-19所示。

④多栏网格，这种版式设计适合编排一些有关表格形式的文字，比如说联系方式、术语表、数据目录等信息。这种版式的单栏太窄，不适合编排正文，如图5-20所示。

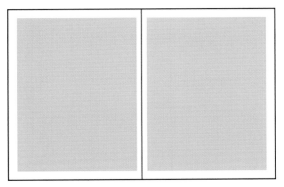

5-17　单栏网格

5-18　双栏网格

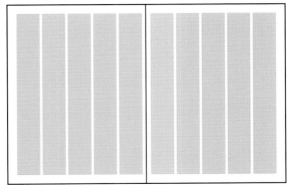

5-19　三栏网格

5-20　多栏网格

（2）对称式单元网格。对称式单元网格在版面编排中，将版面分成同等大小的网格，再根据版式的需要编排文字与图片。这样的版式具有很大的灵活性，可以随意编排文字和图片。在编排过程中，单元格之间的间隔距离可以自由放大或者缩小，但是每个单元格四周的空间距离必须相等。

版式设计中，单元格的划分保证了页面的空间感，也使版式排列具有规律性。整个版面给人规则、整洁、有规律的视觉效果，如图5-21所示。

2）非对称式网格

非对称式网格是指左右版面采用同一种编排方式，但是在编排的过程中并不像对称式网格那样绝对。非对称式网格形式在编排的过程中，根据版面需要调整版面的网格栏的大小比例，使整个版面更灵活，更具有生气。

非对称式网格一般适用于设计散页，散页中也许有一个相对于其他宽较窄的栏，便于插入旁注，为设计的创造性提供了机会，同时保持了设计的整体风格，如图5-22所示。

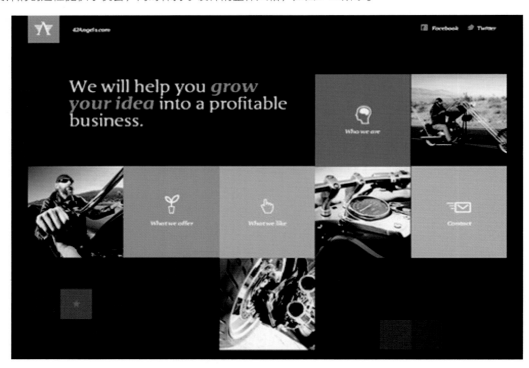

图5-21　对称式单元网格

图5-22　非对称栏状网格

非对称式网格主要分为非对称栏状网格与非对称单元网格两种。

（1）非对称栏状网格，是指在版式设计中，虽然左右两页的网格栏数基本相同，但是两个页面并不对称。单栏网格结构版式，同样采用了图片的形式，使版面具有生趣，由于版面中左右页面页边距不同，形成了非对称栏状网格版式结构，如图5-23所示。

（2）非对称单元网格，在版式设计中属于比较简单的版面结构，也是基础的版式辅助网格。非对称单元网格中采用交叉的图片编排形式，使整个版面更生动，避开版面的呆板无趣，如图5-24所示。

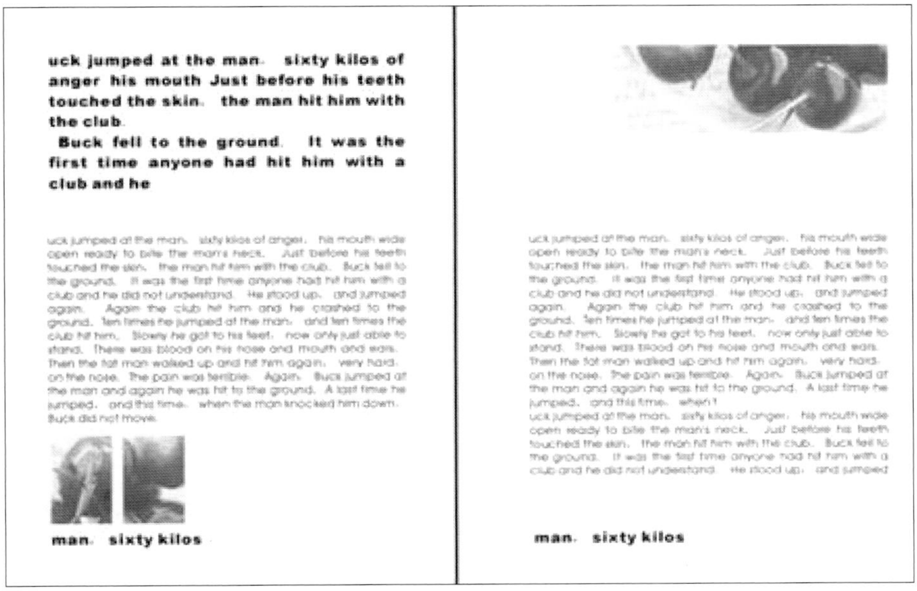

图5-23　非对称栏状网格

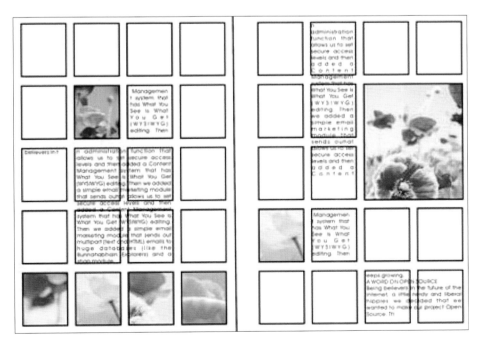

图5-24　非对称单元网格

3）基线网格

基线网格通常是不可见的，但它却是版式设计的基础。基线网格提供了一种视觉参考，可以帮助版面元素准确编排，对齐页面，是凭感觉无法达到的版面效果。

如图5-25所示，基线一些水平的直线（洋红色），可以引导文字信息的编排，也可以为图片的文字编排提供参考。基线网格的大小宽度与文字的大小有着密切关系。版面中蓝色线代表网格的分栏，页面以白色呈现。

基线网格的间距根据字体的大小进行增大或者减小，以满足不同字体的大小需求。如图5-26所示，基线的间距被增加了，为了方便更大的字体与行距相匹配。

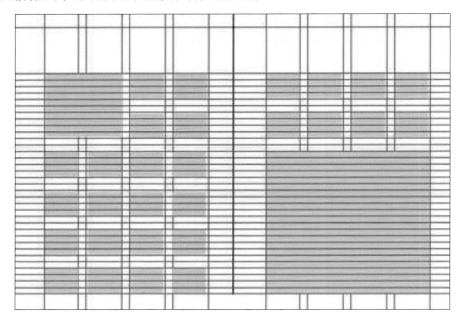

图5-25　基线网格

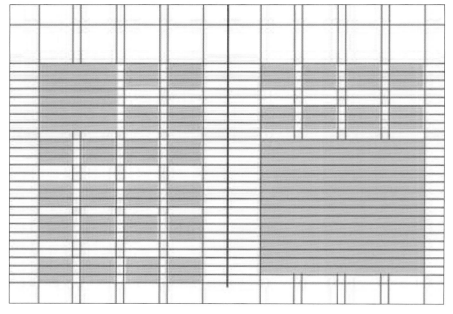

图5-26　基线网格

4）成角网格

　　成角网格在版面中往往很难设置，其网格可以设置成任何角度。成角网格发挥作用的原理跟其他网格一样，但是由于成角网格是倾斜的，设计师在版面编排时，能够以打破常规的方式展现自己的风格创意。如图5-27所示，网格与基线成45°，这样的版面编排方式，使页面内容清晰、均衡，具有方向性。如图5-28所示，采用了两个角度的编排形式，这个网格使得文本具有四个编排方向。从前面两张对角版面可以看出，在设置对角版面倾斜角度与文字方向性时，应充分考虑到人们的阅读习惯，如图5-29所示。

图5-27　45°成角网格

图5-28　45°成角网格

图5-29　45°成角网格

5.2.3　网格的设计应用

　　网格设计的主要特征是能够保证版面的统一性，因此在版式设计运用中，设计师根据网格的结构形式，在有效的时间内解决版面结构的编排，从而获得成功的版式设计。

1）网格的建立

　　一套好的网格结构可以帮助设计师明确设计风格，排除设计中随意编排的可能，使版面统一规整。设计师可以利用网格编排出灵活性较大、协调统一的版面，如图5-30所示。如图5-31所示，设计网格是采用三栏四单元格的方式建立的。

图5-30　对称式网格

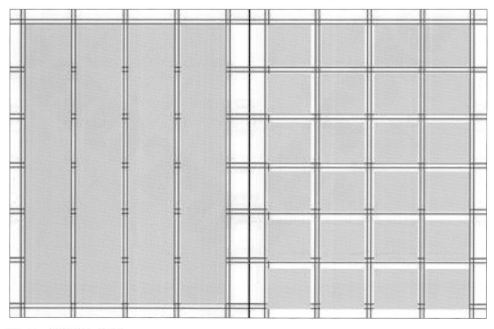

图5-31　栏状网格与单元格

网格可以利用不同的数学原理，通过以下两种方式实现网格创建。

（1）比例关系创建网格。利用比例关系，能够确定版面的布局与网格。页面简洁，文字段落安排与空间具有十分和谐的关系。对称式网格不是测量出来的，而是按照比例关系创建的，如图5-32所示。

（2）单元格创建网格。图5-33是由34×55的单元网格构成，内缘留白5个单元格，外缘留白8个单元格。在斐波纳契数列中，5的后一位数字是8，正好是外缘的留白大小。8后面的数字是13，这是底部留白的单元格数。以这种方式来决定正文区域的大小，可在版面的宽度与高度比上获得连贯和谐的视觉效果，如图5-33所示。

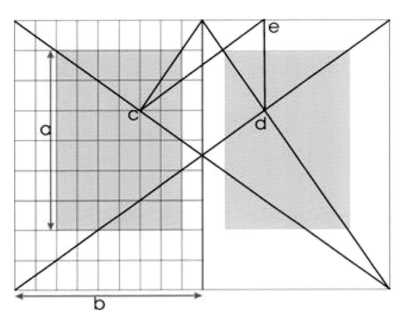

图5-32 网格建立比例

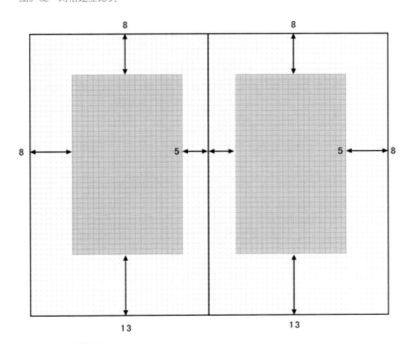

图5-33 单元格网格建立

2）网格的编排形式

设计的构图由图像和文本构成，从本质上它们构成了页面的表现形式。网格的构建形式主要是依据版面主题的需要而决定的，文字多图片少的版面和图片多文字少的版面之间就有很大区别，下面我们来看看网格在实际版面中的具体编排形式。

如图5-34所示，版面分为两栏的网格结构，将文字与图片编排在版面中，运用两栏网格结构使文字信息传达具有版面空间感，打破一栏的疲劳感。如图5-35所示，运用图片与文字的对比关系，使网格版面具有活跃的版面气氛，打破网格过于规整的视觉效果。

图5-34　两栏网格　　　　　　　　　　　　图5-35　非对称式网格

在版式设计中，网格的编排形式主要分为以下三种。

（1）多语言网格编排。在版面中出现了多种文字的情况下，通常内容驱动着设计的发展与完善，而不是仅仅凭创造性来编排版面。如图5-36所示，是一张翻译的版面，灰色模块代表可以容纳多种语种翻译的空间。

（2）说明式网格编排。单版面中信息过于复杂，出现了若干个不同元素的时候，在信息传达上很容易造成阅读困扰，阅读起来也比较困难。此时可以通过网格的形式，对版面信息进行调整。如图5-37所示，版面采用图片放大、文字编排在下方的网格形式，使整个版面显得稳定、层次清晰。

（3）数量信息网格运用。网格的主要功能是加强设计的秩序感。在表现数据较多的数据表中，网格的编排运用十分重要。下面以记账簿为例，运用网格结构形式，使左右信息清晰明了。如图5-38所示，采用两栏的网格形式，将文字信息与数字清晰地编排在版面上，比较适合记账簿的编排形式，让人一目了然。

3）打破网格

打破网格的约束使版面设计更自由，但是很难把握版面的平衡，就算是很优秀的设计师也很难准确地把握画面的平衡感。

图5-36　多语言网格编排

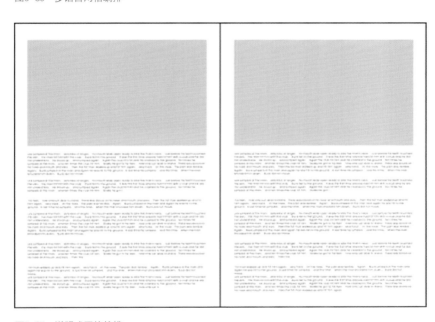

图5-37　说明式网格编排

えてしまう	23,452,21
のが一番の	6,454,78
早道です	14,452,21
ビジネスでの	3,451,27
□言はでの	1,245,89

图5-38　数量信息网格运用

如图5-39、5-40所示，整个版面采用网格与无网格的对比形式进行版面编排。版面文字的编排版面虽然没有网格的结构，但是可以看出在版面中，文字编排整齐，具有规律性。

如图5-41所示，文字采用中对齐的文字块形式，在没有网格结构的情况下仍然能清晰地传达信息，使整个版面层次结构清晰可见，体现了不规则单元格的编排形式。

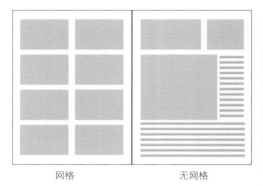

网格　　　　　　　　　　无网格

图5-39　网格与无网格对比

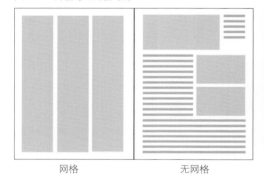

网格　　　　　　　　　　无网格

图5-40　网格与无网格对比

图5-41　无网格

项目实训案例

5.3.1 宣传册版式设计案例一——新生手册

要求：

（1）布局合理，具有艺术表现性，风格统一。

（2）设计出新颖有创造力并且实用的手册。

提示：

（1）因为是面向新生，让新生通过阅读，对学校有较深入的了解，因此新生手册在设计之前需要收集学校的各类相关信息。

（2）考虑好新生手册设计哪些重要板块，编排各个板块内容，确定宣传册的设计风格、大色调及版式的编排。

项目分析：

新生手册是刚进入大学的新生了解学校的重要途径，让新生能够更好地在大学生活、学习。因此，手册内容的设计，要贴近新生的学习、生活的各个小细节。

设计效果1：

如图5-42所示，作者在装订上使用骑马订，因此将页面重新整理。整体设计完整，板块清晰，内容合理。小清新色调，适合给刚进入大学的学生作为了解学校及周边特色的宣传册。排版大气、简洁。

图5-42 新生手册设计效果（作者：苏航）

设计效果2：

如图5-43所示，整体设计完整，板块清晰，内容合理。色彩上用了三种颜色进行碰撞，对比突出，最大的特点是在排版上不拘一格，页面上张弛有度，给人留下深刻印象。

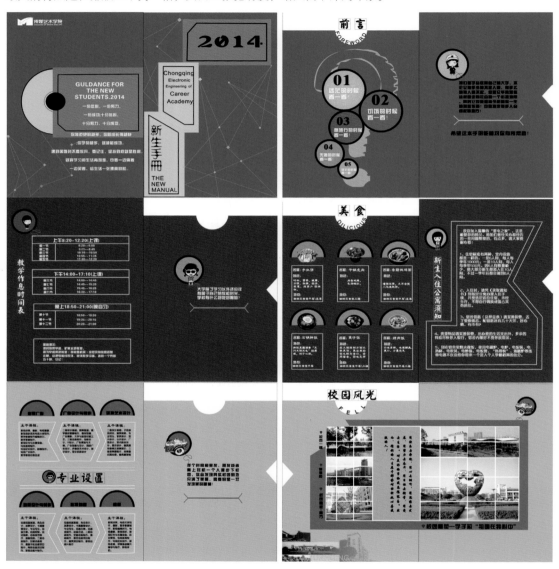

图5-43　新生手册设计效果（作者：李闵瑶）

5.3.2　宣传版式设计案例二——地产楼书

要求：

（1）楼书内容完整，具有艺术表现性，风格统一。

（2）设计出版式有特色并且实用的地产楼书。

提示：

（1）楼书主要面对客户，内容必须真实可信，全面翔实，比如楼盘的地理位置、景观、小区配套、附近设施等。

（2）注意开本大小、页次，以及所选纸张材质。

项目分析：

封面、封底在设计上要体现楼盘的品质，扉页内容以项目概念性或概括性较强的词或句，或者项目LOGO来展开设计，不需添加任何信息，目的是引导读者后续翻阅，内页注意排版。

设计效果1：

如图5-44所示，整体设计完整，板块清晰，内容合理。选择的楼盘主要为花园洋房，楼书的设计定位准确，版式大气，整体效果较好。

设计效果2：

如图5-45所示，整体设计完整，内容板块清晰。大色调为淡黄色，添加一点绿色加以点缀，风格大气。版式灵活，文字及图片设计合理，整体效果较好。

图5-44　楼书设计效果（作者：柯雪）

图5-45　楼书设计效果（作者：刘阳月）

项目总结

1）文字

文字是传达诉求信息的纸面语言，形式、内容、方式需要设计师掌控。

（1）字体选择：便于识别，容易阅读，不能为追求效果而失去识别阅读性。字体风格应与画册风格一致，如高雅古典、端庄严肃、活泼现代等，选择形态上与传达内容吻合的字体。

（2）字体种类：不宜过多，注意字体间的和谐关系。标题和提示性文字可以适当变化，内文文字要风格统一。

（3）文字编排：首先要符合大部分人的阅读习惯，注意字距和行距。其次要满足可读性和易读性，然后再追求新颖的版面风格。

2）图形

图形是最佳的直观形象传达元素，是人类通用的信息符号。

（1）焦点效果：有效利用图形的视觉效果吸引阅读者的注意力，并准确传达主题思想，使阅读者容易接受和接纳传达的信息。

（2）诱导效果：由示意图形引导阅读路径，并产生对画册深入阅读的兴趣。

（3）传达效果：有些受众不是专业性的，专业的文字让人费解并容易失去了解的耐心，而合适的图形却能让阅读者轻松容易地领悟宣传画册传达的意图和思想。

3）内容编排

（1）内容页码较少的宣传画册，为避免画面显得空洞，失去可阅读性，版面特征要醒目，色彩和主题要明确突出，主要文字可以适当放大些。

（2）内容页码较多的宣传画册，为避免版面杂乱、拥挤，应尽量保持风格色彩协调统一，各内容区块可尽量规整，保持一定的节奏变化、一定的留白。

（3）要注意整体效果，避免只注意单页效果而失去整体的协调性。

5.5

习　题

给自己学校的新生设计一本新生手册，体现学校特点。

要求：

（1）设计内容完整。

（2）版式合理，能够传达核心的内容，吸引浏览者注意。

（3）新生手册设计整体效果有创意性，注意文字及排版效果。

案例欣赏

P115—130

6.1

平面广告设计案例

平面广告设计是以加强销售为目的所作的设计，也就是奠基在广告学与设计上面，来替产品、品牌、活动等做广告。最早的广告设计是早期报纸的小布告栏，也就是以平面设计的形式设计出来的，用一些特殊的操作来处理一些已经数字化的图像的过程，是集电脑技术、数字技术和艺术创意于一体的综合内容，是一种工作或职业，是一种具有美感、使用与纪念功能的造型活动。

6.1.1 国外平面广告设计案例

（1）《中国梦》广告，如图6-1、图6-2所示，由中国网络电视台制作。这两件作品都是由中国风形式的风格制作而成，如中国剪纸、中国年画。图6-1使用了留白手法。图6-2整体画面有浓浓的年画风格，画面质朴、喜庆。

（2）图6-3和图6-4也是由中国网络电视台制作的《中国梦》广告，直接采用了名人艺术作品，如丰子恺漫画、天津泥人张彩塑。这两种艺术形式，都有浓浓的中国风，并且这两种艺术形式都有很好的群众基础，是群众喜闻乐见的艺术形式。画面使用留白，突出了主体形象。

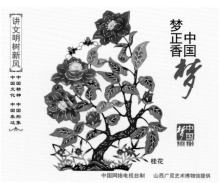

图6-1 《中国梦》广告

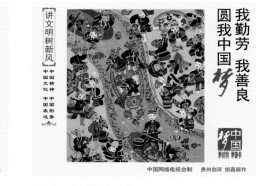

图6-2 《中国梦》广告

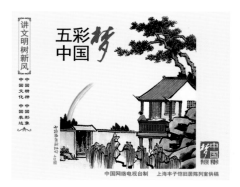

图6-3 《中国梦》广告

图6-4 《中国梦》广告

（3）文明新风主题广告，如图6-5、图6-6所示。非常精妙易懂，中国百姓在丰收时的喜悦之情溢于画面，具有强烈的"丰收"画面感。

（4）"家乡"主题广告，如图6-7、图6-8所示。一个是故乡生活场景，一个是农忙生活场景，都给读者以身临其境的场景感。

图6-5 《灿烂的日子》

图6-6 《丰收情》

图6-7 《故乡》

图6-8 《家乡情》

（5）版材主题广告，如图6-9、图6-10所示。这两件作品都用版画的风格展示，具有浓浓的中国乡村气息。《满载而归》画面中国线分割，在黄金分割线处以两个人物来分割。《情满金秋》也用横线的表现，在黄金分割线处分割。画面庄重、质朴。

（6）农村主题广告，如图6-11和图6-12所示，这两件作品都用版画形式突出了农村的生活画面、农村闲适画面，两件作品都给人以质朴的乡土气息。

（7）以"救救孩子"为主题的公益广告设计，如图6-13、图6-14所示。在衣着光鲜亮丽的男男

图6-9 《满载而归》

图6-10 《情满金秋》

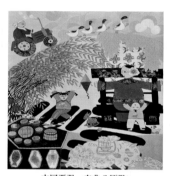

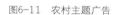

图6-11 农村主题广告

图6-12 《十里桃花红》

图6-13 "救救孩子"公益广告

图6-14 "救救孩子"公益广告

女女的条纹服装的映衬下，透露出孤独的、悲惨的儿童被困在牢狱中的景象，以此呼吁成人不应当只关注自己，应当负起为人父母关心儿童的责任。这一系列作品除了创意巧妙之外，还运用了强烈的对比原则，将成人的外在潇洒与儿童的孤独落寞形成鲜明对比，想必定会触动此类父母的内心。

（8）生态主题广告《良好的生态环境是最普惠的民生福祉》以版画的形式表现了农村生活场景，构图严谨、形象活泼、内容丰富。

良好生态环境是最普惠的民生福祉！

作者 李安家 河南省文明办发布

图6-15 生态主题广告

6.1.2 国内平面广告设计案例

（1）某个赛事的海报，如图6-16所示。单一的色彩，简洁的画面，独特的图形处理，使得画面于平静之中蕴含一种一触即发的张力，让人过目不忘。当然说它是好的设计，重点在于其准确地传达了主题。

（2）地产广告，如图6-17、图6-18所示。这组广告的文案是："人和""地和"。设计师们将那些中国纹样幻化为一幅幅广告画，有创意。

（3）中国老年保健协会广告，如图6-19、图6-20所示。要让它替你尽孝吗？多花点时间陪陪老人。

（4）才思书店广告，如图6-21、图6-22所示。将一本本书变成鱼尾和翅膀，不能不佩服设计师们的创意和想象力。大色调主要运用黑白二色，加以红色点缀，形成点睛之笔。

（5）NRDC广告，如图6-23、图6-24所示。太阳能、海洋能都是环保能源，同时没有污染，鼓励环保。

（6）Zippo广告，如图6-25、图6-26所示。"你喜欢我喜欢你不喜欢我喜欢你不喜欢我！""你知道我不知道你不知道我知道你不知道！"相当有中国味的风格，同时广告语也是我们常常绕进去的死胡同，是不是觉得很亲切呢？采用红色的火焰配上黑色或白色的文字非常醒目。

图6-16 某赛事的海报

图6-17 地产广告

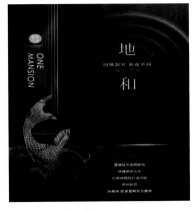

图6-18 地产广告

图6-19 中国老年保健协会广告

图6-20 中国老年保健协会广告

图6-21 才思书店广告

图6-22 才思书店广告

图6-23 地产广告

图6-24 地产广告

图6-25 商业广告

图6-26 商业广告

（7）地产广告，如图6-27、图6-28所示。这两幅作品以手绘形式突出了"我的超人，我的爸爸"主题，画面以手绘表现具有亲和力。

图6-27 地产广告

图6-28 地产广告

6·2

书籍杂志设计案例

　　设计的成败取决于设计定位，即要做好前期的客户沟通，具体内容包括封面设计的风格定位、企业文化及产品特点分析、行业特点定位、画册操作流程、客户的观点等，这些都可能影响设计的风格。因此设计一半来自于前期的沟通，这才能体现客户的消费需要，为客户带来更大的销售业绩。应该确立表现的形式为书的内容服务的形式，用最感人、最形象、最易被视觉接受的表现形式，所以构思就显得十分重要，要充分弄懂书稿的内涵、风格、体裁等，做到构思新颖、切题，有感染力。封面是装帧艺术的重要组成部分，犹如音乐的序曲，是把读者带入所表现内容的向导。在设计之余，感受设计带来的魅力，感受设计带来的烦忧，感受设计的欢乐。封面设计中能遵循平衡、韵律与调和的造型规律，突出主题，大胆设想，运用构图、色彩、图案等知识，设计出比较完美、典型，富有情感的封面，提高设计应用的能力。

6.2.1　书籍设计案例

　　（1）如图6-29所示，此书最大的亮点是书的封面用渐变的叶子围成一圈形成立体效果，突出书的特点，使读者的视觉焦点集中在叶子的中心黑色区域，让人想翻开一探究竟。

　　（2）书籍整体风格呈现小清新色彩，以淡黄、淡绿、淡红为主色调，如图6-30所示。书在装订上别具一格，内页也有绿色，和封面颜色呼应。

　　（3）书的封面部分大量运用白色，运用凹凸效果形成一个问号，问号的点睛之笔在于红色圆点，即书的小标志，如图6-31所示。凹凸效果问号的周围设计一些小的彩色加以点缀，书名在下方区域。

图6-29　书籍设计效果

图6-30　书籍设计效果　　　　　　　　　　　　　　　　图6-31　书籍设计凹凸效果

（4）图6-32为一套书籍的装帧设计。书籍的整体设计采用牛皮纸镂空的效果，和书套的设计遥相呼应，书的另一个亮点在于书脊的设计，采用图形将四本书归纳形成一个整体。

（5）三本书为一个套系，采用红、黄、蓝三原色分别为三本书的主色调，非常醒目。另外，每本书的封面图形在色彩上营造立体效果，突出书的内容，如图6-33所示。

（6）图6-34是一本非常有趣味性的书。书的整体采用麻布的材质，内页材质特别，别具一格。此书最大的特点是书脊上的设计运用的材质，可以划火柴。

（7）图6-35是中国的四大名著之一《红楼梦》。鉴于《红楼梦》的经典地位，外表材质使用木头并

图6-32　书籍设计镂空效果

图6-33　套系书籍设计效果

图6-34　趣味书籍设计效果

图6-35　红楼梦书籍设计效果

雕刻《红楼梦》的经典人物，内部书的封面、封底同外部材质呼应，使用木制。版式上简洁大气，在封面上方写上书名，大面积留白。

6.2.2　杂志设计案例

（1）杂志的设计不像书籍的设计可运用多种材质，特色鲜明，杂志的设计中主要看排版的特色。图6-36中杂志封面的精妙之处在于，将一张图片进行多次切割，保留一部分切割内容，给读者留下想象空间。

（2）这本杂志大面积的白色调，加以绿色进行点缀，用几个不同颜色的色块进行拼接，大气简约，效果如图6-37所示。

（3）杂志的封面、封底设计简洁明了，使用点、线、面的构成方式，白底上遍布彩色气泡，疏密得当，效果如图6-38所示。

（4）这本杂志的特点在于封面部分，镂空效果镂空出文字，各个英文字体穿插在里面，简洁而夺人眼球，效果如图6-39所示。

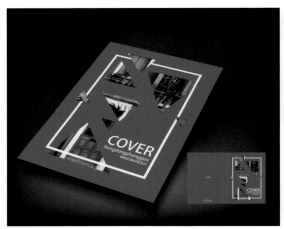

图6-36　杂志设计效果

图6-37　杂志设计效果

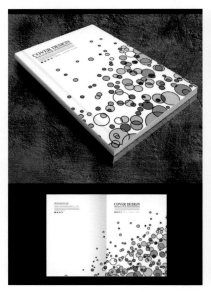

图6-38　杂志设计效果

图6-39　杂志设计效果

网页界面设计案例

网页像书籍一样有文字、有图片，像电视一样有动态影画、声音，几乎融合了所有媒体的特效。预计在今后，网络不仅会作为一个独立的媒体而成长，而且会成为联系各大媒体的重要工具，处处显示出极强的生命力。

6.3.1　国外网页界面设计案例

（1）这个网页整体给人一种复古的感觉，网页正中间两个闪亮的电视机非常抢眼。导航栏看起来就非常简洁，让人更多地把注意力集中在画面中部，如图6-40所示。

（2）界面简洁大气，带有科技时尚感，一气呵成，如图6-41所示。导航的设计非常巧妙，放在页面的左右两端，加以页面的流线型造型。

图6-40　复古网页效果

图6-41　简洁网页效果

（3）非常明显的一款为游戏设计的网页界面，整体页面的背景是游戏的场景及人物，背景用暗色调，衬托页面中部的图片及文字，导航采用木纹材质效果，如图6-42所示。

（4）邮局的网页界面设计，采用黄色背景很醒目。运用信件的元素，简洁明了，如图6-43所示。

（5）网页制作中使用了当今非常流行的扁平化风格，值得大家学习，大色调使用了蓝、白两种色调，简洁明快，加上几款卡通人物造型，让人印象深刻，如图6-44所示。

（6）网页非常简洁，甚至都找不到常见的导航栏，这是网页的特别之处，在兔子、牛、猪的旁边添置几个零散的导航栏，如图6-45所示。

图6-42　游戏设计网页效果　　　　　　　　图6-43　邮局网页界面设计

图6-44　扁平化风格网页界面

图6-45　简洁风格网页界面

6.3.2　国内网页界面设计案例

（1）网页界面最大的特色是模拟电影院的场景，给人身临其境的感觉，如图6-46所示。

（2）简洁而让人印象深刻的设计是好的设计，这个网页界面正是如此，如图6-47所示。 白色背景，简洁的线条，突出简洁明快的小游戏页面。

（3）黑灰色页面，界面满满都是键盘，白色的文字凑近才能看到，但是让人忍不住去看，正是这个网页界面的特别之处，低调而不张扬，却会让人印象深刻，如图6-48所示。

图6-46　模拟电影院场景网页界面

图6-47　简洁风格网页界面

图6-48　键盘效果网页界面

（4）颜色对比鲜明，直击内心的汽车网页界面设计，运用经典的黑、白、红色调，将汽车展现得淋漓尽致，如图6-49所示。

（5）网页界面最大的特点是，运用了中国元素书法，书法和人物相结合的排版方式，把网页衬托得很有文化底蕴，如图6-50所示。

图6-49　对比网页界面

图6-50　中国风网页界面

宣传册设计案例

商业宣传册已经成为企业对外展示的一个有力方式，商业宣传画册，是产品、企业同消费受众之间沟通的桥梁，是企业向消费受众传达企业产品的良好形象、优势特点、用途价值等信息的公路。这条路造得好与坏，关键在于宣传画册的设计师是否用心和自身的专业能力。

国外宣传册设计案例

（1）宣传页最大的特点是造型上别具一格，最中间的人物红裤白衣的运动造型非常醒目，折叠起来整体效果也带运动感，和表现的主题不谋而合，如图6-51所示。

（2）每个宣传册都有自己的特别之处，此宣传册最特别的是折叠起来是个三角形，展开后像数字7，非常可爱。宣传册还有一点是文字的排版，文字不再是中规中矩地编排，而是根据纸折成的形状依据形状进行编排，如图6-52所示。

（3）单从这个宣传册内页来看，没有太多的设计亮点，特别之处在于封面。封面被密密麻麻的英文占据，中间一个黑白的人物剪影，让人觉得内页的文字很神秘，想打开一看究竟，如图6-53所示。

（4）又是一个让人眼前一亮的宣传册设计，封面用高纯度颜色，对比强烈，另外，宣传页的造型特别，有让人打开的欲望，如图6-54所示。

（5）封套的设计纯白，简单明了，中间一片绿色的小树叶是点睛之笔，展开封套，纯正的红色映

图6-51　造型特别折页效果　　　　　图6-52　三角形折页效果

入眼帘，和封面产生强烈反差，如图6-55所示。

（6）设计的亮点同样在封面，折叠上用一种特别的方式，将内页的图片遮住大部分面积，给人一种希望打开一睹为快的想法，三种封面的颜色搭配在一起，对比突出，相得益彰，如图6-56、图6-57所示。

图6-53　折页效果

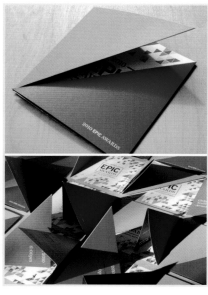

图6-54　高纯度对比折页效果

图6-55　折页封套设计效果

图6-56 折叠效果特别折页效果

图6-57 折叠效果特别折页效果

（7）封面采用镂空的效果是这个宣传册最大的特点，映衬出扉页中的英文，如图6-58所示。

（8）书的形状打破常规，挖出一个小造型，如图6-59所示。封面采用大面积的绿色，使中间的图形更加醒目，形成色彩上的鲜明对比。

（9）封面简洁明快，白色背景添加标志，特别之处在于给宣传册添加了分区，每个区域纸张的形状不同，加以文字进行区域标注，如图6-60所示。

（10）经典的黑白色系，封面三角形造型别致，如图6-61所示。

（11）有趣味性的宣传页设计，注重用户体验，可以将折页折成各种造型进行展示，足够吸引眼球，色调简洁，网格排版，如图6-62所示。

图6-58 镂空效果折页效果

图6-59 镂空效果折页效果

图6-60 添加分区折页效果

图6-61 黑白色系折页效果

图6-62 趣味性折页效果

参考文献

[1] 杨倩.版式设计原理[M].北京:北京理工大学出版社，2013.

[2] 沈卓娅.字体与版式设计[M].上海:上海交通大学出版社，2012.

[3] 许楠.版式设计[M].北京:中国青年出版社，2009.

[4] 佐佐木刚士.版式设计原理[M].北京:中国青年出版社，2012.

[5] 约翰·麦克韦德.超越平凡的平面设计[M].侯景艳，译.北京:人民邮电出版社，2010.

[6] 余岚.版式设计[M].重庆:重庆大学出版社，2012.

[7] 贺鹏，谈洁，黄小蕾，等.版式设计[M].北京:中国青年出版社，2012.

[8] 陈绘.版式设计[M].上海:上海人民美术出版社，2012.

[9] 张志颖.版式设计[M].北京:化学工业出版社，2016.

[10] 张爱民.版式设计[M].北京:中国轻工业出版社，2011.

[11] 王汀.版式设计[M].武汉:华中科技大学出版社，2011.

[12] 锐艺视觉.解密版式设计原理[M].北京:电子工业出版社，2013.

推荐书目

[1] 丁宁.西方美术史[M].北京: 北京大学出版社，2015.

[2] 瑞兹曼.现代设计史[M].王树良，张玉花，译.北京: 中国人民大学出版社，2013.

[3] 原研哉.设计中的设计[M].朱锷，译.南宁: 广西师范大学出版社，2013.

[4] 伊拉姆.栅格系统与版式设计[M].王昊，译.上海: 上海人民美术出版社，2012.

[5] 朝仓直巳.艺术设计的平面构成[M].吕清夫，译.北京: 中国计划出版社，2013.

[6] 詹姆斯·韦伯·扬.创意[M].李旭大，译.北京: 中国海关出版社，2004.

[7] 罗宾·威廉姆斯.写给大家看的设计书[M].苏金国，刘亮，译.北京: 人民邮电出版社，2009.

[8] 林夕.艺术与错觉[M].长沙: 湖南科学技术出版社，1999.